放電魚小學堂

小學堂

電從哪裡來？

TDG電氣指導會／著

佐伯英次／插畫　陳識中／譯

跟比利鰻一起快樂學習電力學
Let's go !!

電鯰君

比利鰻

電鱝君

主ㄨ公：比利鰻（電鰻）

每當生氣、憂慮、興奮時就會放出 600 ～ 800V 的電。
跟同樣在放電魚學校就讀的電鯰君（400 ～ 500V）和
電鱝君（70 ～ 80V）是好麻吉。

※1 顆電池（筒型鹼性乾電池）的電壓是 1.5V，家用插座是 110V（伏特 V
　是電壓單位）

電的歷史年表

西元	跟電有關的重要事件
西元前600年左右	人類發現摩擦琥珀會產生電（靜電）（希臘）
1600年	《論磁石》出版（英國）
1745～1746年	發明萊頓瓶（荷蘭、德國）
1751～1752年	發現雷就是電（美國）
1776年	復原靜電起電機Elekiter（日本）
1786年	在實驗中發現電會讓青蛙腿顫動（義大利）
1800年	發明電池（義大利）
1811年	日本最早的電力學實驗書《阿蘭陀始制エレキテル究理原》問世
1820年	發現電流的磁效應（丹麥）
1827年	發現歐姆定律（德國）
1830年	發現自感（美國）
1831年	發現電磁感應定律（英國）
1837年	發明電信（義大利、美國）
1840年	發現焦耳定律（英國）
1858～1866年	鋪設橫越大西洋的海底電纜
1861～1873年	電磁場理論整合完成（英國）
1878～1879年	發明可實用的電燈泡（美國）
1880年代	直流or交流？電流戰爭（英國、美國）
1882年	東京的銀座開始使用電弧燈（日本）
1887年	開始供電給東京的電燈（日本）
1888年	在實驗中確認電磁波的存在（德國）
1892～1905年	確立交流電路理論（美國）
1901年	成功實現橫越大西洋的無線電信（義大利）
1920年	開始播放收音機廣播（美國）
1948年	發明電晶體（美國）
1951年	世界最早的核能發電（美國）

西元	世界大事
西元前 400 年左右	稻米傳入日本 ※有多種說法
1600 年	關原之戰（日本）
1687 年	《自然哲學的數學原理》出版（英國）
	本書奠定了物理學的基礎
1760～1840 年左右	工業革命（英國）
1775～1783 年	美國獨立戰爭
1789～1795 年	法國大革命
1814 年	發明蒸汽機車（英國）
1842 年	發現能量守恆定律（德國）
1861～1865 年	美國南北戰爭
1868 年	明治時代開始（日本）
1869 年	蘇伊士運河開通
1896 年	第 1 屆現代奧運（希臘）
1901 年	第 1 屆諾貝爾獎（瑞典）
1903 年	人類首次成功實現動力飛行（美國）
1905 年	愛因斯坦發表狹義相對論（德國）
1914～1918 年	第 1 次世界大戰
1927 年	日本最早的地下鐵通車
1929 年	經濟大蕭條
1939～1945 年	第 2 次世界大戰
1969 年	阿波羅 11 號登陸月球
1970 年代	電腦的發展與普及
1990 年代以後	網際網路普及
1990 年代	行動電話普及

這些是
重要事件喔～

協力：電氣史料館

目　錄

第1部　電的不可思議　9

第2部　電的發現　51

本書想告訴你的事

只要撥動開關就能點亮電燈、啟動馬達，現代人的生活被許許多多的電器產品包圍。可以說我們之所以能過上舒適豐饒的生活，都得感謝電的存在。然而，人類的肉眼看不見電，因此大多數人都覺得電是難以理解的存在。於是，大家放棄去理解電學現象，把電當成空氣，認為它的存在理所當然，並不假思索地在生活中使用它。

但本書認為，思索我們身邊電學現象背後的原理非常重要。因此本書將介紹我們日常生活中電學現象的原理機制，以及發現這些現象的歷史人物，同時還收錄了運用這些電學原理的實驗。歷史上的偉人們都十分尊敬彼此，並滿懷熱誠地用自己的理論去挑戰前人的理論。

「原來發生靜電的背後有這種原因」、「原來電力是這樣子產生的呀」，如果我們多了解一點電力的原理，對電力的態度將大為不同，並改變我們對於沒有電力就無法運作的現代城市和社會的認識。

為了消除大家心中「電力很難懂」的印象，本書使用大量插圖和圖片，讓你能在學習時享受視覺上的樂趣。實驗中所用的也都是貼近日常生活的事物。希望你不是只用腦袋記住電學現象，也能透過實驗親身理解。相信這些內容對於接下來將展開電力學習之旅的學子，以及想重新溫習電力學的成人們都大有助益。

若本書能助你窺見電力世界的廣闊和深奧，並勾起你心中的好奇心，就是我們最大的榮幸。

TDG 電氣指導會

致家長們：
孩子在做實驗時，請務必陪同監督。
目標讀者（參考）：小學三年級以上

第 **1** 部

電的不可思議

首先，來看看在日常生活中發生的電的不可思議情況。

為什麼用墊板摩擦頭髮，頭髮會被吸起來？

用墊板摩擦頭髮後再遠離，頭髮就會飄起來，大家有沒有看過這種現象呢？這現象似乎是電力導致的喔。讓我們動手做實驗，一起思考看看為什麼吧。

（1）實驗方法

① 用墊板摩擦頭髮。

② 充分摩擦後，慢慢拿起墊板遠離頭髮，然後直直往上舉。

③ 如果頭髮豎起來的話就成功了。

〈重點〉

· 在乾燥的時期，尤其是冬天特別容易成功。

‧ 剛洗完澡等頭髮濕濕的時候，通常不會成功。

（2）原理

　　墊板吸起頭髮的原因是**靜電**。靜電是種無法流到其他地方，停留在特定一處的電。

　　電分為＋（正）電和－（負）電。而＋電和－電具有以下的特性。

　　‧＋和＋，－和－會互斥。

　　‧＋和－會相吸。

　　某個物體擁有＋電或－電的狀態叫做**帶電**。而在這個實驗中，由墊板和頭髮2種物質互相摩擦引起的帶電現象叫作**摩擦起電**。

　　頭髮和墊板摩擦後，頭髮會帶＋電，而墊板會帶－電，所以兩者才會相吸。

（3）容易帶電的物質

　　每種物質的帶電能力都不相同。有些物質容易帶＋電，有些物質容易帶－電，以下是其中比較代表性的物質。

⊕容易帶正電													容易帶負電⊖
毛髮	玻璃	尼龍	羊毛	絹	紙	皮膚	棉花	琥珀	合成橡膠	聚酯	壓克力纖維	聚氯乙烯	矽氧樹脂 硬橡膠

　　愈靠近表格左側的物質帶的＋電愈強，愈靠近表格右側的物質帶的－電愈強，而相隔愈遠的物質靜電愈大。

　　例1：紙和皮膚的組合　→　靜電小
　　例2：毛髮和聚氯乙烯（墊板）的組合　→　靜電大

動手做做看　讓電力水母飛起來

使用易帶電的物質做出水母,利用靜電玩玩看吧。

〈準備材料〉
- 塑膠繩
- 剪刀
- 梳子(沒有也沒關係)
- 硬塑膠水管,或是細長的氣球(使用氣球的話請灌入專用的空氣)
- 羊毛材質的圍巾

(1)電力水母的製作方法

① 用剪刀剪一段約50cm長的塑膠繩。※小心別剪到手了!
② 把塑膠繩沿著長邊剪出細鬚。※用梳子會更好整理
③ 把其中一端打結綁起來就完成了。

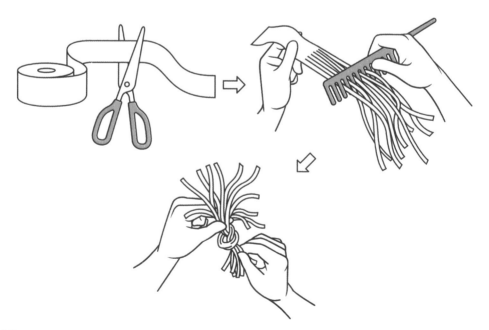

（2）讓電力水母浮起來的方法

① 把電力水母放在桌子上攤開，用圍巾摩擦。

② 用圍巾摩擦塑膠管。

③ 把電力水母往上拋，用硬塑膠水管從下方接近，電力水母就會浮在塑膠管上。

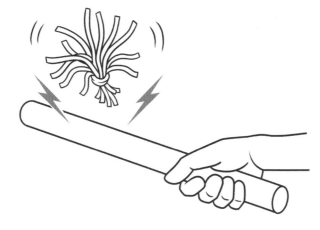

（3）原理

塑膠繩的材質是聚酯，是種容易帶－電的物質。而硬塑膠水管也是容易帶－電的聚氯乙烯。用容易帶＋電的圍巾去摩擦硬塑膠水管，塑膠管就會聚集大量－電，使塑膠管跟電力水母互相排斥，讓電力水母浮在空中。

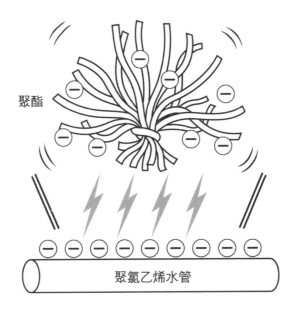

聚酯

聚氯乙烯水管

為什麼脫下毛衣的時候會發出劈啪聲？

脫毛衣的時候常常會發出劈啪劈啪的聲音，感覺很討厭對吧。據說這是因為毛衣上累積了靜電。真想知道為什麼脫毛衣時劈劈啪啪的。

（1）原理

請翻回第11頁看看「（3）容易帶電的物質」那張表。因為毛衣的材質是羊毛，是種容易帶＋電的物質，所以跟襯衫（棉花）摩擦後會讓毛衣帶＋電，襯衫帶－電。

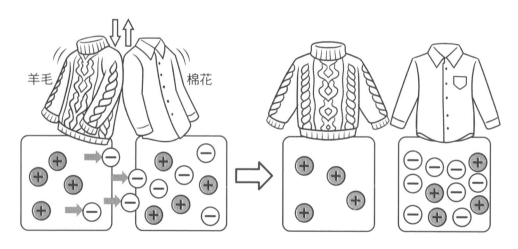

羊毛　　棉花

所有物質都帶有＋電和－電。當物體上的＋電和－電的量相同時，我們就說它是「電中性的狀態」。當2個物體彼此摩擦時，電會從這個物體跑到另一個物體上，導致其中一邊都是＋電，而另一邊都是－電。這就是物體帶有靜電的原因。

脱下毛衣時，帶＋電的毛衣和帶－電的襯衫之間會有電流通過，所以才會發出劈啪劈啪的聲響。這種把原本互相接觸的物質分開時產生的帶電現象叫作剝離帶電。

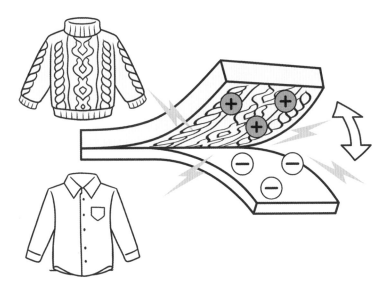

另外，由於冬天的空氣比較乾燥，不容易發生靜電放電（帶有靜電的物體失去靜電的現象），因此物體更容易累積靜電。

（2）不讓物體產生靜電劈劈啪啪的方法

不同材質的物體互相摩擦就會產生靜電。反過來說，只要減少摩擦，就不容易發生靜電。我們可以在洗衣服時使用柔軟劑來減少纖維摩擦，或者也可以利用電力學知識，改變衣服的材質來減少靜電。

比如，穿羊毛製的毛衣時，若底下改穿尼龍製的襯衫，因為羊毛和尼龍的帶電性相近，所以比較不容易產生靜電。

每到冬天時，就很容易被門把等金屬物體電到，其實只要改變身上穿的衣服材質，就不會那麼容易被靜電電到了喔。

動手做做看 用萊頓杯儲存靜電

讓我們用實驗重現穿毛衣時儲存靜電的狀態，以及觸摸門把時被電到的現象吧。

〈準備材料〉

- 透明塑膠杯3個
- 雙面膠
- 鋁箔
- 硬塑膠水管，或是細長的氣球（使用氣球時請灌入專用空氣）
- 羊毛材質的圍巾
- 剪刀或美工刀

> 荷蘭科學家彼得・凡・穆森布羅克在1746年於萊頓大學發明把靜電儲存在玻璃瓶中的裝置（萊頓瓶）。而這裡我們改用杯子代替瓶子。

（1）萊頓杯的製作方法

① 切開塑膠杯製作紙型。攤開後可以得到漂亮的扇形和圓形紙型。

② 沿著紙型裁切鋁箔。請裁出2片扇形和2片圓形鋁箔。

③ 在2個塑膠杯的側面和底部貼上雙面膠，然後黏上剛剛裁下的鋁箔。務必仔細貼整齊，盡量不要留下空隙。

杯子

鋁箔

④ 裁1條寬3cm、長20cm左右的鋁箔條，沿著短邊對折。將2個杯子疊在一起後，將鋁箔條插入杯子之間。

（2）用萊頓杯儲存靜電的方法

① 用圍巾摩擦塑膠管。

塑膠管

圍巾

② 把帶電的塑膠管靠近萊頓杯的鋁箔條，靜電就會轉移到萊頓杯上。重複幾次相同步驟。訣竅是讓鋁箔條從塑膠管的末端慢慢滑到手握的地方。靜電累積在萊頓杯時會發出劈劈啪啪的聲音。

③ 一隻手握著萊頓杯，另一隻手觸碰鋁箔條，若杯子劈啪地放出靜電，就代表杯子裡有靜電累積。在黑暗的場所觸碰鋁箔帶，還能在劈啪聲響的瞬間看見微弱火花（放電現象）。

劈啪！

（3）原理

　　萊頓杯是由2個包著鋁箔的塑膠杯交疊而成。以下說明萊頓杯儲存靜電的原理。

　　① 包覆2個杯子的鋁箔上，＋電和－電的量相同。

　　② 摩擦過圍巾的塑膠管會帶－電。當塑膠管靠近鋁箔條時，靜電會轉移過去，使萊頓杯內側的鋁箔帶－電。

　　③ 由於內側的鋁箔帶－電，而外側的鋁箔則帶＋電，故兩者會互相吸引，分別聚集在2個杯子的表面，維持帶靜電的狀態。

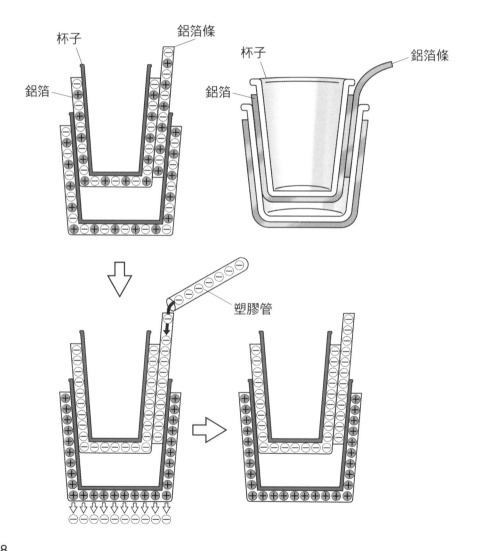

比利鰻的疑問

碰到萊頓杯的靜電不會受傷嗎？

據說萊頓杯儲存的靜電電壓（把電推出去的壓力）高達1萬V。但是，因為通過人體的電流非常小，只有大約1萬分之1A（安培A是電流的單位），所以就算碰到身體也沒有影響。

但要小心注意的是，患有心臟疾病或裝有心律調節器人較容易受到靜電影響，所以請不要在他們附近做實驗。

日本也做過靜電實驗嗎？

在日本的江戶時代，專門研究自荷蘭傳入的學問的蘭學家橋本宗吉曾使用名為Elekiter的靜電製造裝置來做靜電實驗。他曾讓100個寺子屋（讓平民小孩接受教育的私塾）的小孩把手牽在一起，進行靜電的感電實驗。他把這個實驗取名為「百人驚嚇」，主要用於公眾表演。

動手做做看　體驗百人驚嚇實驗

邀請你的家人或朋友，手牽手圍成一圈來製造迴路吧。圍好後，讓其中一個人單手握住萊頓杯，在他隔壁的人則去觸摸萊頓杯的鋁箔條。

在那個人的手摸到鋁箔條的瞬間，儲存在萊頓杯內側的靜電將會流經所有人的手。這個實驗可以讓我們體驗電流通過身體的感覺。請多找幾個朋友，一起實驗看看。

為什麼會打雷？

大家會害怕打雷嗎？當天空雷聲隆隆，接著突然一道閃光，隨後大雨就嘩啦嘩啦降下，總是會讓人嚇一大跳呢。讓我們來想想打雷的原理吧。

（1）原理

其實打雷就是規模非常大的放電現象。打雷需要對流發展旺盛的雲層。當大氣變得不穩定，靠近地面的空氣快速上升時，便會形成容易引發打雷的濃厚積雨雲。

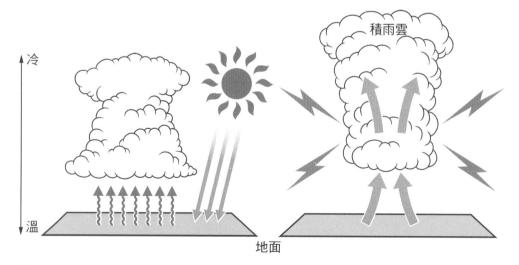

在積雨雲內部，有很多由空氣冷卻凝結而成的水珠和冰粒。積雨雲中的冰粒互相碰撞、摩擦，就會產生靜電。此時積雨雲上層的靜電帶＋電，下層帶－電。而受到積雨雲下層帶－電的靜電吸引，地面會累積很多＋的靜電。這現象叫作**靜電感應**。

當積雨雲中帶－電的靜電跟地表帶＋電的靜電平衡被打破，就會放電引發打雷。這便是打雷的原理。

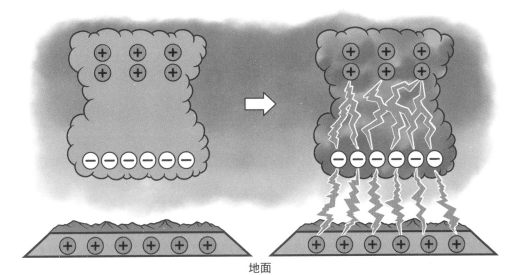

地面

（2）打雷時的閃電是鋸齒狀的原因

閃電之所以是鋸齒狀，是因為在放電時，雷會通過空氣中水氣較多的路線。因為電流比較容易通過水氣多的地方。

另外，當聽到天空雷聲隆隆，或是看到閃電落下時，躲在車子裡面會比較安全，因為此時雷電會選擇通過車體（外側的金屬部分）而非人體。這現象叫作**靜電屏蔽**。

為什麼鳥停在電線上不會觸電？

電是通過電線運送到大家住的地方。但烏鴉等鳥類站在電線上卻不會觸電，是不是很不可思議呢？

電線

（1）鳥類站在電線上也沒事的原因

這主要有2個原因。第1個原因是，鳥的右腳跟左腳都站在同一條電線上。第2個原因則是，電線的外層包裹著名為交聯聚乙烯的不導電塑膠材料（也有沒有包覆絕緣層，完全裸露的裸線）。

（2）第1個原因的原理

電力公司通過電線輸送的電，跟大家家裡電器插座所用的電不一樣，是用非常高的電壓來輸送的。比如：

- 家裡的家用插座 → 110V
- 商店的空調等 → 220V
- 電線桿的電線（配電線） → 6,600V
- 高壓電塔的電線（輸電線） → 6.6萬V或15.4萬V

有的最高甚至可達50萬V。

雖然跟家裡的家用插座電壓相比，鳥類平常停在上面休息的電線電壓都非常高，但鳥類的雙腳都站在同一條電線上，所以電流不會通過鳥類的身體。這是因為電有會選擇更容易通過之路徑的性質，而跟鳥的身體相比，電線更容易被電流通過。因此，鳥站在上面也不會觸電。

不會變這樣

但是，據說也是有發生過鳥類觸電的案例喔。因為每條電線之間的電壓都稍有不同，所以不小心碰到其他電線時就有可能觸電。假如有一頭站在地面上的大怪獸碰到了電線，由於電線和地表的電壓不同，所以也會觸電喔。真可怕。

金屬部分
外露的裸線

高壓電塔
的電線
（輸電線）

這可以用小燈泡和乾電池連成的迴路來說明。用電線串起小燈泡和乾電池的正負極,燈泡就會發亮。比如在下圖A迴路的情況下,點亮小燈泡時電流並不會通過小鳥。但在B迴路中點亮小燈泡時,小鳥會變成電線的代替品,導致電流通過小鳥身體而觸電。

(3)第2個原因的原理

有的材質電容易通過,而有的材質電不容易通過。容易通電的材質叫作導體,比如電線的芯。相反地,不容易通電的材質叫作絕緣體,比如包裹電線的塑膠外皮。電線的塑膠外皮是用交聯聚乙烯製作的。除了交聯聚乙烯外,橡膠、玻璃等等也屬於不容易通電的材質。

一如右邊插圖所示,住宅區的電線桿電線都包有塑膠外皮,所以鳥類站在上面也不會有電流通過,故不會觸電。

（4）總結

這樣我知道為什麼鳥類不會觸電了。那如果電線垂落地面碰到人的話，人會不會觸電呢？

如果人碰到從電線桿垂下來的電線，假如身體的其他部分同時跟電線桿的柱子或其他電線以外的東西接觸，仍然會觸電。

大家也要小心喔。

■不要爬電線桿！

放風箏時如果風箏纏到電線上，千萬不要自己爬到電線桿上拿，這麼做非常危險，請打電話通知電力公司。

■看到斷掉的電線千萬不要碰！

當電線因為颱風等原因而斷掉垂落時，地面或身體一旦碰到就會變成電流通過的路徑，非常危險。所以發現斷掉的電線時，請絕對不要碰喔。

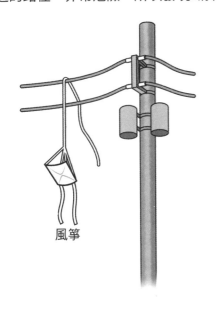

風箏

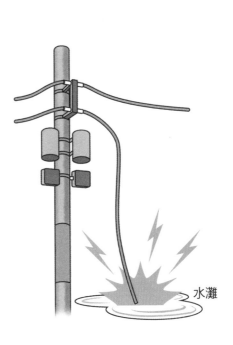

水灘

為什麼要建造
高壓電塔呢？

高壓電塔的功能是用來支撐電
線，而這些電線則負責將發電廠產生
的電力送到變電所（改變電力電壓的
場所）或我們所居住的城鎮。它們是
我們日常生活絕對不可缺少的存在，
種類也分成很多種。

高壓電塔

〈高壓電塔的種類〉

· 四角電塔

　　最常見的電塔形狀，電
塔的截面是正方形，故叫作
四角電塔。依照電壓大小還
分成很多種電塔尺寸。

· 矩形電塔

　　從正上方往下看呈長方形
（矩形）。主要建造在都市地
區或住宅區。

烏帽

・烏帽鐵塔

　因形狀很像日本神社的神主頭上戴的烏帽而得名。多用於輸送超高壓電（27.5萬Ｖ等電壓特別高的電）或降雪較多的山岳地帶。

・門形電塔（龍門架電塔）

　形狀就像方形的拱門。主要用於公路、鐵路、水路上的電線。因為形狀有如大型港口用的龍門架起重機，所以又叫龍門架電塔。

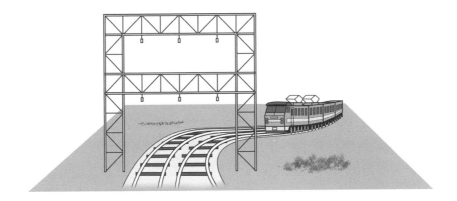

　電塔的用途是把電力送到大家居住的城鎮，而且有著很多不同的形狀或使用途徑。

　如果仔細看，就會發現每個電塔的形狀都不太一樣，真的很有意思喔。據說也有人用廚師帽形或旗袍形等綽號來給電塔命名呢。

　大家也試試替自己喜歡的電塔形狀取綽號吧。

27

電動車是怎麼動起來的？

　　燃油車是靠引擎燃燒燃油來驅動車子。而電動車（EV）則是用電力來驅動車子。讓我們來比較一下燃油車和電動車的不同吧。

（1）燃油車跟電動車的差別

　　燃油車是靠引擎燃燒燃料產生的力量來驅動車體，而電動車是用電池的電力轉動馬達來驅動車體。

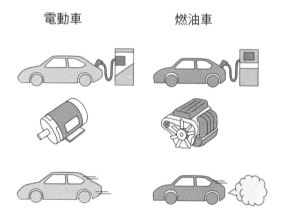

（2）電動車獨有的零件

　　① 馬達
　　電動車的馬達就相當於燃油車的引擎。馬達會把電能轉換成驅動力（給予動力推動車體）。

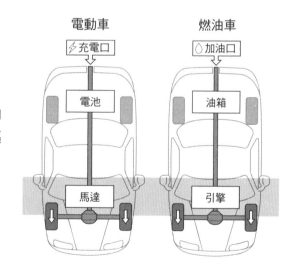

② 電池

此部分相當於燃油車的油箱。

電池可以儲存電力。例如筆記型電腦和手機內也裝有鋰電池。特色是可以做得很小很輕。

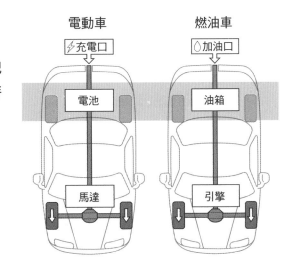

③ 控制器

此部分相當於燃油車的汽油泵浦。

電動車透過逆變器（轉速變換裝置）等零件的組合來調整通過馬達的電流，藉以控制驅動力（調整方向或力量）。

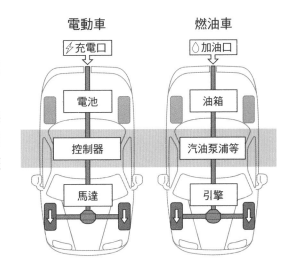

（3）總結

電動車只要為電池充電就能讓車子動起來。同時，電動車在行駛時不會排放廢氣，對環境更友善。但電動車也有行駛距離較短，充電站目前設置不充足等問題。

相信電動車的發展將大大改變世界的運作方式。

微波爐為什麼能加熱？

（1）微波爐原理的發現

微波爐的原理是1945年美國人在某次雷達實驗中偶然發現的。日本則在1959年研發出第一台國產微波爐。

叮！

（2）微波爐的原理

當微波照射到食物時，食物內含有的大量水分子會振動，產生摩擦熱並加溫食物。這叫作**電介質加熱**。

我們平常使用的電，頻率大約是50Hz（1秒鐘振動50次的意思）或60Hz（1秒鐘振動60次）。而微波爐可以從磁控管產生微波，使物體振動。微波爐

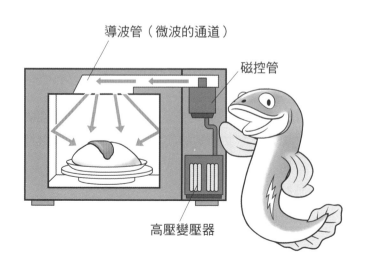

導波管（微波的通道）

磁控管

高壓變壓器

會放出頻率2.45GHz（1秒鐘振動24.5億次）的微波，使水分子摩擦生熱，利用這個熱量加熱食物。2.45GHz的微波跟頻率50Hz的電相比，振動次數足有4,900萬倍之多。

※赫茲（Hz）、千兆赫（GHz）都是頻率、振動次數的單位

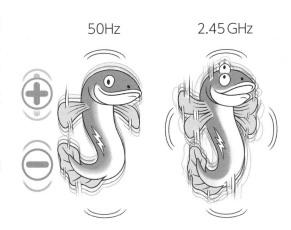

50Hz　　　　2.45GHz

（3）微波爐的組成結構

① 磁控管

磁控管位於微波爐的心臟位置，是一種可以產生微波的真空管。

據說某位工程師在做雷達實驗時，有次偶然站在磁控管前，意外發現放在口袋裡的巧克力因此融化，這件事觸發他的靈感，故發明了微波爐。但沒有人知道這個故事是不是真的。

② 導波管

用以產生振動的微波所通過的通道。微波會通過導波管照射在食物上。

③ 高壓變壓器

用於產生使磁控管運作所需之電流和電壓的零件。

（4）總結

1947世界第1台微波爐在美國上市，但當時微波爐很昂貴（相當於現在的100萬日圓以上），而且跟大型冰箱一樣巨大，所以只有一部分的餐廳買來使用。之後，隨著磁控管做得愈來愈小，價格愈來愈便宜，微波爐終於在1970年代變得普及。如今，「微波一下」已經是家喻戶曉的動詞。

微波爐的原理是電介質加熱，但它不僅被用於微波爐，也被廣泛用在木材或樹脂的乾燥和黏著等工業、食品加工以及醫療領域，是我們日常生活不可或缺的技術。

超導磁浮列車的原理

（1）超導磁浮列車的原理

　　超導磁浮列車是一種利用超導磁鐵（後面會說明）加速到時速500km的交通工具。

　　就連日本最快的新幹線「隼號」時速也只有320km，由此可見超導磁浮列車跑得多快。

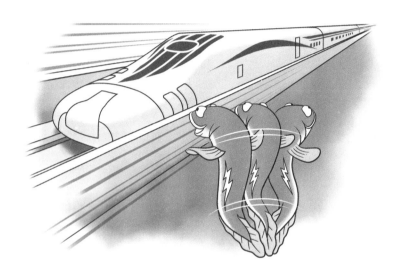

（2）新幹線和超導磁浮列車的不同

　　新幹線（傳統高鐵）是靠迴轉馬達來獲得推進力（往前推的力量），而超導磁浮列車則是把迴轉馬達拉開變成直線以產生推進力。

　　磁浮列車內裝有超導磁鐵，這就相當於迴轉馬達內側的轉子，而安裝在磁浮列車軌道上的推進線圈則相當於迴轉馬達外側的定子。對裝在地面的推進線圈通電，可使線圈輪流產生N極和S極。而安裝在列車上的超導磁鐵會反覆跟推進線圈的N極和S極相吸相斥，藉此產生推進力。

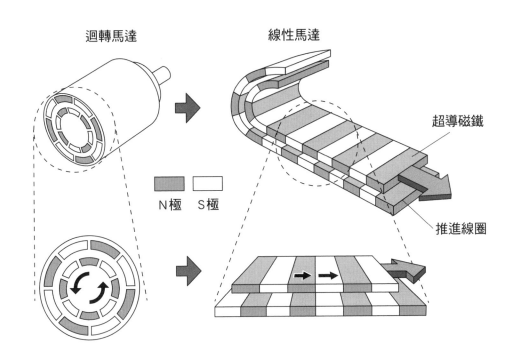

迴轉馬達　　　　　　　　線性馬達

超導磁鐵

推進線圈

N極　　S極

（3）超導磁浮列車是浮在空中的!?

新幹線是靠車輪在軌道上行駛，所以一定會受摩擦力影響，很難跑得比現在更快；但超導磁浮列車是靠磁鐵的力量浮在空中，不會產生摩擦力，所以可以跑得非常快。

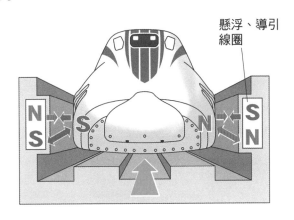

懸浮、導引線圈

超導磁浮列車必須行駛在專用的軌道上。當磁浮列車在軌道上前進一段距離，加速到足夠的速度後，導引軌道的側壁（而非軌道）內部之懸浮、導引線圈即會產生浮力。在磁的同性相斥力（磁鐵的N極跟N極互斥、S極跟S極互斥）作用下，列車和側壁內部的懸浮、導引線圈會產生10cm左右的氣隙，因而能磁浮在軌道上運行。

〈 超導線圈 〉

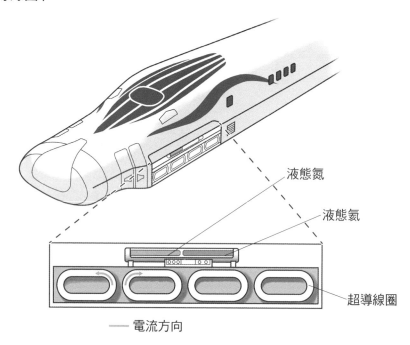

液態氮

液態氦

超導線圈

—— 電流方向

〈 導引軌道、推進線圈、懸浮與導引線圈 〉

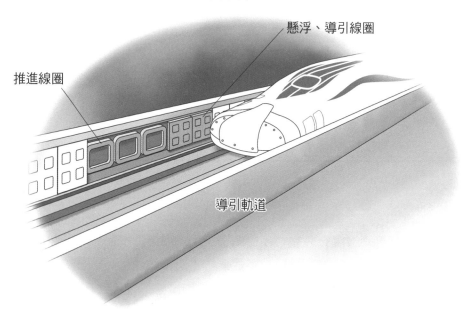

懸浮、導引線圈

推進線圈

導引軌道

車體跟導引軌道會反覆相斥又相吸。

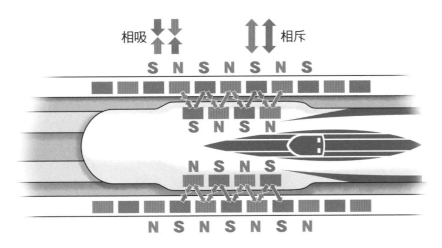

（4）超導磁鐵是超導磁浮列車的核心技術

　　線圈通電時會變成電磁鐵，而超導線圈用約－269℃的液態氦降溫後，電阻會幾乎變成零。這個現象叫作**超導磁鐵**。超導磁浮列車搭載的超導線圈在通電後會變成超導磁鐵，產生強大的磁場（磁力作用的範圍）。

（5）總結

　　現在興建中的日本中央新幹線磁浮列車預定將聯通東京和大阪。這條路線充分運用了超導磁浮列車的特長，一旦通車後，最快只要67分鐘就能從東京到大阪。能用高速浮在空中行駛，超導磁浮列車可說是新時代的交通工具。

參考資料提供：東海旅客鐵道（株）

請自由書寫

為什麼我們能用智慧型手機講電話？

智慧型手機讓我們可以跟遠方的朋友講電話、觀看影片、在社群網站上貼文讓全世界看到，是非常方便的工具。但手機是怎麼讓人們互相通話的呢？

（1）智慧型手機就是「很聰明的電話」

智慧型手機（Smartphone）是由「smart（聰明）」和「phone（電話）」這2個單字組成的，是種結合了可上網的電腦和可通話的電話之機器。

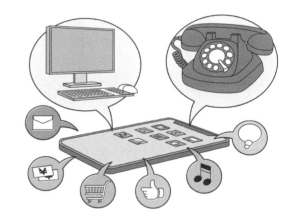

（2）智慧型手機的結構

智慧型手機的結構大致分成6個部分。

① CPU

用人類來比喻的話，就相當於大腦的部分。CPU負責處理各式各樣的資訊，並對其他零件下達指令。

② 儲存裝置

用於儲存照片和電子郵件等資料的倉庫。目前主要的基本單位是GB，數字愈大表示倉庫空間愈大，可以保管更多資料。

③ 主機板

嵌有許多無線通信控制零件。有了主機板，手機才能收發電波、連接網際網路、撥打電話。

④ 記憶體

暫時存放資料的場所，可以想成工作用的桌子。桌子的桌面愈大，就能擺

放更多東西，同時處理各種工作。

⑤ 電池

　　儲存電力的場所。目前主要使用鋰電池或鋰聚合物電池。電池充飽電可以使用多長時間也很重要。

⑥ 螢幕

　　手機螢幕主要使用液晶或OLED螢幕。操作則透過觸控。液晶是介於固體和液體之間的狀態，具有隨觀看方向和觀看方式改變顏色的特性。液晶螢幕可以藉由施加電壓來改變顯示畫面。

　　OLED螢幕的原理則跟LED燈類似，是會發光的物體。藉由通電來讓名為有機二極體的材質發光。

　　另外，手機螢幕的觸控原理是**電容式**觸控，利用靜電就能讓CPU知道手指是否放在螢幕上。

（3）智慧型手機可以打電話的原因

　　智慧型手機依靠無線通信控制元件來收發電波。無線電是最典型的通信機器，但無線電是直接跟其他無線電交換電波，而智慧型手機並不會直接跟其他手機連線，而是通過設置在全國各地的「基地台」交換電波。

　　電波具有在電和磁創造出來的空間中像水波一樣傳播的性質。我們身邊隨時都充滿電視和收音機等各種眼睛看不見的電波，而手機就是利用這種電波的一部分通話和通訊。

（4）改變未來的智慧型手機

　　5G是第5代通訊技術的簡稱，是種高速大容量的通訊規格，傳輸速度是4G的20倍。

利用5G，我們可以改善如VR（虛擬現實）等可使人彷彿親臨現場的3D影像、格鬥遊戲、射擊遊戲的連線對戰體驗。同時，也能夠更即時地互動，享受比過去更流暢的網路連線。

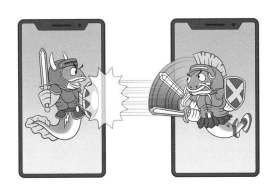

除此之外，5G也能讓我們家中的數位家電互相通信。比如從外地用智慧型手機打開家裡的電燈、電視、冷氣或提前開啟電熱水器等，使生活更便利。

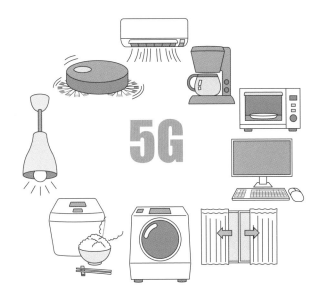

（5）總結

由此可見，1台智慧型手機就能做到很多很多的事情。未來5G更加普及後，還可以用機器人遠距手術（從遙遠的地方操控機器人）、讓汽車自動駕駛、用臉部辨識系統在無人商店買東西，大大改變人們的生活方式。

為什麼無線充電器能幫手機充電？

平常我都是用充電線替智慧型手機充電，但聽說現在有種不需要插線的無線充電（wireless）。明明沒有連接充電線卻能充電，真是不可思議呢。

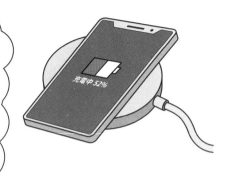

（1）無線充電的原理

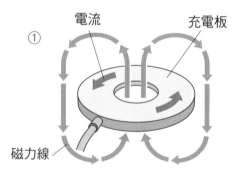

①

電流　　充電板

磁力線

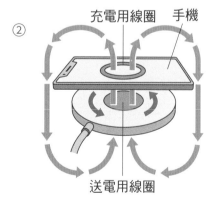

②

充電用線圈　手機

送電用線圈

無線充電器替手機充電的原理，是利用線圈和磁鐵。但正確來說不是磁鐵，而是線圈通電後產生的磁力線（磁力通過的軌跡）。

無線充電器上裝有送電用線圈，而具有無線充電功能的手機上則裝有充電用線圈。

① 當電流通過充電板內的送電線圈，線圈便會產生磁力線。

② 將裝有充電線圈的手機放到充電板附近。

送電線圈產生的磁力線會通過手機內的充電線圈。

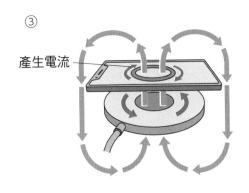

③

產生電流

③ 當充電線圈的內部有磁力線通過時便會產生電流,所以可以替電池充電。

這個原理叫作電磁感應定律。

(2) 觸控面板可以感應到手指的原因

用手指觸摸智慧型手機的螢幕,就能點開應用程式或放大圖片,操作起來直覺又簡單。有了觸控面板,就不需要按鈕或鍵盤,可以直接在畫面上操作。

觸控面板雖然有許多種類,但智慧型手機所使用的是電容式觸控面板。此種面板利用的是人體的靜電。

觸控面板內塞有如漁網般縱橫排列的靜電。當手指碰到觸控面板時,面板內的靜電就會跟手指頭上的靜電發生作用。而面板內的感測器藉由偵測是面板上的哪個靜電起了反應,就能得知手指是在哪裡進行操作。

因為我們的手指(人的身體)上也有電流,所以能觸動塞在觸控面板內的微弱靜電,並被感測器感知。而用普通的筆或戴著手套時不能進行觸控,是因為它們和手指不同,無法讓電流通過,所以無法跟靜電發生交互作用。

嗶!

微弱靜電

（3）總結

無線充電除了能替手機充電，也能替智慧手錶和電動牙刷充電。另外，未來或許也能應用在停車場，讓電動車只要停在停車場內就能充電。

動手做做看 用無線充電器點亮電燈

讓我們利用智慧型手機或電動牙刷的無線充電器，點亮LED燈泡看看吧！

〈準備材料〉

- 無線充電器1台
- 工作用LED燈1個（任意顏色皆可）
- 漆包線（這裡用的是0.4mm×10m的規格）
- 保鮮膜紙筒
- 砂紙
- 絕緣膠帶（電火布）

（1）製作帶LED燈泡的線圈

① 利用保鮮膜紙筒等筒狀物，把漆包線捲成直徑3～5cm，60～70圈左右的圓形線圈。

② 用砂紙磨掉線圈兩端漆包線上的透明覆膜。

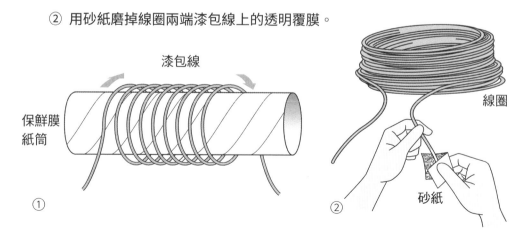

漆包線

保鮮膜
紙筒

①

線圈

②　　砂紙

③ 把線圈的兩端纏在LED燈上，用絕緣膠帶捆起來。

絕緣膠帶

LED 燈

④ 將纏好LED燈的線圈靠近無線充電器，LED燈就會亮起來。

試著把線圈來回靠近、遠離無線充電器或是傾斜改變線圈的角度，看看LED燈會有什麼變化。

無線充電器

（2）LED燈發亮的原理

這是利用電磁感應原理的實驗。無線充電器內裝有線圈，當線圈通電時便會產生磁力線。當無線充電器產生的磁力線通過LED燈的線圈，線圈會產生電流。而這個電流會通過LED燈使之發亮。

電磁感應原理的重點，在於磁力線是否通過線圈內部。當線圈離無線充電器太遠，或是角度太傾斜，通過線圈內的磁力線就會變少，使LED燈的亮度減弱。

43

人體也有電流嗎？

現在我知道智慧型手機的觸控螢幕是利用人體的靜電來運作，但原來人體也有電流嗎？

（1）大腦會發出電子訊號

人的身體內隨時都存在著微弱電流。比如玩接球遊戲時，我們的大腦會處理棒球飛進視野（眼睛可見的範圍）的資訊，再透過電子訊號把命令傳遞到肌肉。來自大腦的電子訊號會通過神經傳給手腳的肌肉，讓我們的手腳得以協調地接住球。

醫院所用的心電圖和腦波計也是利用人體產生的電流。

這種存在於人類和其他所有生物上的發電現象叫作**生物電**。

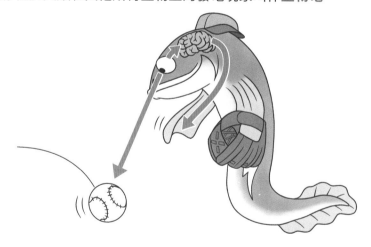

（2）用電子訊號輔助身體移動

大腦發出電子訊號，通過神經系統對肌肉下達命令，我們才能夠走路或用手指完成精密的動作。但這些來自大腦的電子訊號，也可以傳遞給安裝在身體上的機器，用來輔助肌肉的動作。

譬如，即便是因事故而失去一隻手，或出生就沒有手的身障人士，只要裝上特殊的義手，也能用自己的意志控制手腕和手指的動作，就像真正的手一樣。其原理是用感測器偵測大腦或肌肉發出的微弱電子訊號，再用控制裝置或CPU驅動馬達，做出日常生活所需的各種動作。

電流驅動肌肉的感覺，可以透過治療肩膀僵硬或腰痛的低周波治療器（經皮神經電刺激器）來體驗。低周波治療器可藉由電流刺激肌肉運動來舒緩疼痛或疲勞。因為當電流通過時，肌肉會微弱地顫動。

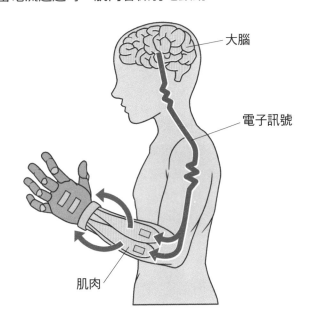

大腦

電子訊號

肌肉

（3）總結

利用大腦發出的電子訊號來控制機器人或義手的研究仍在發展初期。等這類最尖端科技發展成熟後，未來的人類或許除了原本的雙手外，還能安裝多隻輔助義手，或是用大腦發出的電子訊號移動輪椅，甚至穿著動力服（動力裝甲）來輕鬆舉起重物呢。這項技術在今後高齡化社會的應用備受期待。

電磁爐是怎麼煮菜的？

為什麼電磁爐不需要瓦斯，也能做出好吃的料理呢？明明沒有用到火。

（1）電磁爐的原理

電磁爐的日文叫「IH爐」，IH是 induction heating 的縮寫，翻譯成中文便是**電磁感應加熱**。電磁爐利用電和磁力線的關係，可以直接讓平底鍋或鍋子發熱。

具體來說，當電流通過安裝在電磁爐面板內的磁力感應線圈時，會使線圈產生磁力線。這個原理就跟無線充電器完全一樣。

但這背後還有個比較難懂的現象。電流通過時會產生磁力線，意味著有磁力線通過的地方也會產生

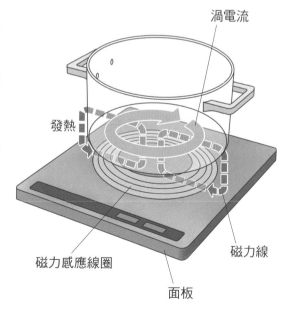

渦電流

發熱

磁力線

磁力感應線圈

面板

電流。

　換言之，磁力感應線圈產生的磁力線通過鐵製的鍋具時，鍋底會產生漩渦狀的電流。這種電流稱為渦電流，而渦電流會使鍋子發熱。這就是電磁感應加熱。

（2）電磁爐的火力比瓦斯爐更強？

　電磁爐雖然不會產生火焰，但渦電流通過鍋子時會使鍋子變熱，熱效率（整體熱量中可被利用的比例）大約是80～90%。另一方面，瓦斯爐的熱效率大約在40～55%之間，所以相比之下電磁爐的熱效率更好。

　跟同樣大小的瓦斯爐相比，電磁爐有以下優缺點。

〔優點〕

・安全

　因為沒有火焰，不用擔心火災。

・熱效率更好

　因為熱效率高，所以調理時間更短。

・更好清潔

　電磁爐不像瓦斯爐需要爐架（用來放鍋子或煎鍋的台子），清潔更容易。

〔缺點〕

・只能使用專用的鍋子或煎鍋。

　除非鍋子或煎鍋有標示，否則不能用電磁爐加熱。

・不能甩鍋

　因為電磁爐是利用電和磁力線加熱鍋子，一旦鍋子遠離面板，就無法產生渦電流，也就無法加熱。

（3）總結

　電磁感應加熱除了家用電磁爐之外，也被用於製造業界的金屬熔接、熔解、淬火等工程。電力和電磁力被應用在人類生活的各個方面。

生活中的電氣事故

雖然沒有電很不方便,但由於肉眼看不到電,所以電也有很多危險。真想知道我們身邊存在什麼樣的電氣事故,又該怎樣防範呢?

（1）插座的電氣事故

若嬰兒或孩童把別針或鐵絲等細長導電物插入插座口就會觸電,導致燒傷等傷害。

〈如何防止意外〉

平時未使用的插座可裝上插座蓋板。並避免把別針或迴紋針等用具放在孩童看得到的地方。

（2）積汙導電引發的走火意外

　　若插座和插頭間的縫隙累積太多灰塵，當灰塵吸收濕氣時便會有電流通過，反覆產生微小的火花。如此一來，累積的灰塵便很可能會被火花點燃。這叫作積汙導電。

　　由於積汙導電引發的火災通常發生在不起眼的地方，往往很難立即發現，容易導致嚴重災害。

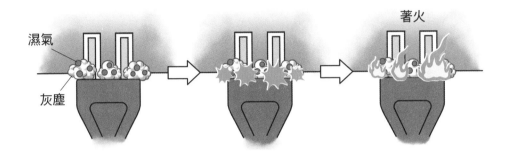

〈如何防止意外〉

　　插頭未使用時，請不要插在插座上。而對於需要長時間插著的插頭，則應該定期用乾布清潔。

（3）家電產品的漏電觸電意外

　　啟動老舊或沒有正確安裝的家電時，電流可能通過觸摸機器的人體，引起觸電。這叫做漏電觸電意外。

〈如何防止意外〉

　　家電產品必須安裝接地線（綠色或黃＋綠色的配線）。這樣即使發生漏電，電流也不會通過人體，而會改為通過接地線。

〈萬一真的觸電……〉

　　電流通過人體會導致嚴重的後果。

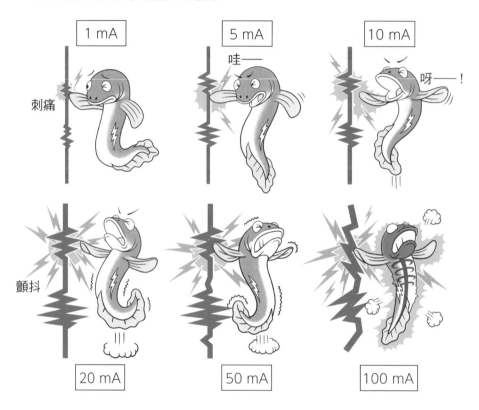

（4）總結

　　人類社會的各種家電產品和工業機具都需要電力才能運作。電使我們的生活變得更豐富，但錯誤的使用方式也會危害性命。若用濕答答的手觸摸插座，就可能導致觸電意外。大家都要正確地使用電力喔。

第 **2** 部

電的發現

電的起源

（1）電是什麼？在人類發現電之前

大家聽到「電」這個字，除了家裡的插座和電池等東西外，還會聯想到什麼呢？

大自然中最為人所知的電學現象就是打雷。人類自遠古時代就對打雷這種可怕的現象十分熟悉。打雷雖然可怕，卻是種非常常見的天氣現象。然而，古時候的人們並不知道雷就是現代人所說的電。人類第一次把打雷和電聯想在一起，是在大約400年前科學家開始詳細研究靜電以後。他們在歐洲進行了第1部介紹過的萊頓瓶實驗，仔細研究關於靜電的知識，並摸清了靜電的各種性質。而在這些科學家中，其中一位便是美國開國元勳班傑明·**富蘭克林**（1706～1790年），據說他曾經成功用風箏引雷，證明了雷帶有電（富蘭克林是否親自做過這個實驗不得而知）。由於這個實驗，人類才把靜電跟打雷的現象連結起來。

※很多做過相同實驗的人都在實驗中死亡了，請千萬不要模仿喔。

富蘭克林

得意

伏打

而緊接著大幅拓展了人類電學知識的事件，則是距今約220年前的義大利科學家亞歷山卓・**伏打**（1745～1827年）發明電池。隨後，現在我們所知的電學相關研究才正式展開。

（2）電和磁鐵

人類花了很多時間和實驗，才終於理解了肉眼看不見的電是種自然現象。相反地，人們從遠古時代就已經開始使用天然的磁鐵或羅盤。在西元前3世紀的中國，已有人把磁鐵當成占卜道具；而到了西元11世紀，中國人又發明了羅盤。

吉爾伯特

歷史上第1個為電和磁鐵出版專書的人是英國科學家威廉・**吉爾伯特**（1544～1603年）。他在1600年出版的《論磁石》中，詳細記錄了實驗中發現的磁鐵作用和現象，並認為「（靜電）吸起灰塵的現象，跟磁鐵並不一樣」。

據說吉爾伯特用拉丁語的琥珀「electrum」，將靜電現象命名為「electrica」。而這個字後來演變成英語的「electricity」，也就是「電」的意思。

而一直要等到19世紀後，人類才對電和磁鐵的關係有像現代一樣更深入的理解。

世界的電力史

（1）電池的發明與動電原理的研究

我想大家應該都沒有聽過「動電」這個詞吧，其實我們平常說的「電」全都是指動電。靜電幾乎沒有電流流動，而動電最大的特性就是會流動（＝電流）。一直到了18世紀伏打發明電池後，人類才有能力持續產生一定量的電流。

伽伐尼的實驗　　　　　伏打電堆

伽伐尼　　　　　伏打

跟伏打生活在同一年代的義大利生物學家路易吉·**伽伐尼**（1737～1798年），某次在解剖青蛙時，發現青蛙腳在碰到金屬時會跳動，認為這是「生物電」所導致。但伏打反對這個說法，他認為讓青蛙腿跳動的「不是生物電，而是2種不同金屬之間產生的電」，於是他在銅板和鋅板之間以浸了鹽水的濕布隔開，並重複交替堆疊後，成功產生了電流。這就是電池的起源。之後，伏打的發明經過許多科學家的改良，創造出各種種類的電池。

原來電和磁這兩者之間存在關係嗎……

厄斯特

在電池發明出來後，科學家對動電的研究有了長足進步。其中最重要的是發現了電跟磁鐵（磁力）的關係，這項發現大大推動了科技的發展。現在我們生活周遭的電磁鐵、發電機、馬達、變壓器等裝置，都是利用了電能和磁能可以互相轉換的原理。

最先注意到電和磁有關的人，是丹麥的科學家漢斯·克里斯蒂安·**厄斯特**（1777～1851年）。1820年，厄斯特某次打開電路開關時，發現放在一旁的指南針跟著晃動了一下。這項發現很快在全歐洲傳開。後來姓氏成為電流單位的法國科學家安德烈-馬里·**安培**（1775～1836年）研究這現象，並發現了**安培定律**。這項定律成功用數學表達電和磁的關係，奠定了電磁學的基礎。

之後，麥可·**法拉第**（1791～1867年）的另一項決定性發現，推動了電磁學的發展。1825年，英國科學家威廉·**思特金**（1783～1850年）發明電磁鐵，並利用它進行各種實驗，解開了電磁鐵的原理。在此之前，人類完全不曉得電和磁之間存在連結。

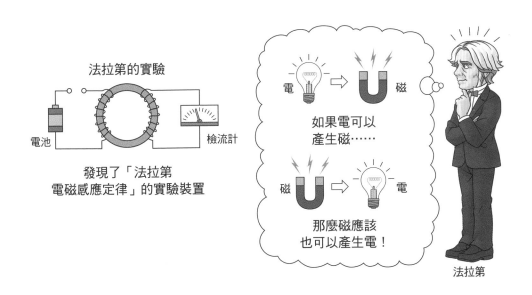

法拉第的實驗

電池　　　　　　　　　　　　檢流計

發現了「法拉第
電磁感應定律」的實驗裝置

電　　　磁

如果電可以
產生磁……

磁　　　電

那麼磁應該
也可以產生電！

法拉第

法拉第在1831年發現了**電磁感應定律**。他把2條電線分別纏繞在甜甜圈形鐵環上的兩側（線圈），並利用這個裝置進行實驗。法拉第發現當其中一個線圈通電時，另一個線圈上的檢流計指針也會振動。而且，把永久磁鐵來回在線圈

內外移動時，也會有電流通過線圈。透過這個現象，他發現了電磁感應原理。電磁感應連結了電能和磁能，讓人們知道不只電力可以產生磁力，磁力也可以產生電力。假如當初沒有發現這個原理，或許現在我們充滿電力的日常生活就不會存在。

　　而在同一時期，美國的科學家約瑟·亨利（1797～1878年）也發現了線圈的自感效應，亨利也跟法拉第一樣對電學的發展有巨大貢獻（出力幫上忙的意思）。

　　除了電磁感應定律之外，另一個對電學發展有偉大貢獻的科學定律，則是1826年發現的歐姆定律。它的發現者是蓋歐格·西蒙·歐姆（1789～1854年）這位德國科學家。在歐姆定律被發現之前，科學家對電壓和電流的概念（大概的意思、內容）一直很模糊。直到歐姆定律建立了電壓、電流以及電阻的概念，科學家才終於有能力計算電路上的電壓和電流。

（2）電器的發明與發展

　　法拉第電磁感應定律雖然是很重大的發現，但要實際利用它製造出有用的機器，還是需要經過大量的反覆嘗試和實驗。

　　在現代，馬達（電動機）和發電機的設計基本上是相同的，發電機的線圈通電就能變成馬達，用外力轉動電動機的線圈就能變成產生電流的發電機；不過，在發電機剛發明出來的19世紀，人們並不知道電動機和發電機的原理其實是一樣的。

　　在世界第1台發電機於1832年誕生後，人類不再需要用伏打電池來產生電力。初期的發電機大多使用永久磁鐵製作，但在經過許多實驗和研究後，科學家發明了使用電磁鐵發電的發電機，大幅提升了產生的電力量，使人們可以用巨大的輸電網路（把發電廠產生的電輸送到用

是我將發電機實用化的。

西門子

電處的設備）來供應電力。而這個結果跟德國的恩斯特・維爾納・馮・**西門子**（1816～1892年）發明的實用化發電機——自勵式直流發電機有很大的關係。

雖然電動機在1830年代就已經被發明出來，但直到自勵式發電機問世後，人類才得以產生巨大電力，有了大幅進展。不使用電池，改用發電機當作電源，使得電動機大量普及，與同時代也在快速發展的蒸汽機一同被視為重要的動力來源。

人們首次意識到電動機和發電機其實是同一種東西，是在1873年的維也納萬國博覽會上。在會場上，科學家將分別放在2個地方的電動機和發電機連接起來，並向群眾展示了發電機也能當成電動機使用。透過這次實驗，人類對電動機和發電機的原理有了更深的認識，使得兩者的發展能大幅進步。電動機和發電機的進步推動了電力技術的發展，並導致後來直流電與交流電的技術競爭。

（3）愛迪生與電流戰爭

現在，我們會在距離城市十分遙遠的地方發電，再用輸電線把電力送到大都市，提供給家庭或工廠使用。而這套系統是在19世紀末建立的。

城市的公共路燈誕生後，人們出門不再需要自己攜帶提燈，而最早的路燈都是煤氣燈。

京都的竹子太棒了！

愛迪生

直到19世紀後半，弧光燈開始普及。為了用弧光燈來照明，人們開始在各地建造發電廠，為電燈提供電力。然而，弧光燈是利用碳絲放電時產生的光，由於發亮時會發出劈啪的噪音，且亮度太高，不適合用於室內的照明。後來，英國科學家約瑟夫・**斯萬**（1828～1914年）在1878年，美國發明家湯瑪斯・**愛迪生**（1847～1931年）則在1879年發明了白熾燈泡，才在1882年將室內照明用的電燈帶入一般人的生活。

現在，人們漸漸改用LED燈泡取代白熾燈泡，但在這之前白熾燈泡被廣泛使用了超過100年之久。白熾燈泡的原理是把竹子或紙碳化成碳纖維，再對碳纖維通電，利用碳纖維的電阻來發熱和發光。愛迪生使用竹子製造的碳纖維發明出第1個可實用的燈泡。據說當時他所用的是日本京都生產的竹子。愛迪生將白熾燈泡變成一門生意，甚至為其打造了包含發電機、地下線路、燈泡以及電力計（電度表）的系統，成功建立起商業模式。這讓發明王愛迪生在歷史上成為有名的企業家。

　　然而，愛迪生的白熾燈泡系統使用的是直流電，因此愛迪生的事業跟後來才發展出來的交流電系統發生了激烈的競爭。由於電燈的電力需求（點亮電燈需要的電）愈來愈高，但又沒辦法在各地區大量建造發電廠，因此只能在較遙遠的地方建造大型發電廠。但長距離送電的情況下，會因為電線的電阻而損失大量電力，於是科學家想出了用高電壓來送電的方法。用高電壓送電必須要用變壓器，但變壓器一定得使用交流電。交流電的好處是可以用變壓器自由調整電壓，這也是它跟直流電最大的不同。

特斯拉

AC vs DC

交流電　　電流戰爭　　直流電

　　電力事業是相當巨大的系統，經營起來需要很多錢，所以靠著直流送電系統率先取得成功的愛迪生，非常反對交流電的發展。

　　比如，當時愛迪生曾邀請許多名人，在他們面前表演用交流電電死野狗的實驗，或是推動用交流電電椅執行死刑等，透過各種方法在人們心中植入交流電很危險的印象。

　　然而，要擴大電力事業，就絕對不能沒有交流電系統的變壓器和長距離送電，所以愛迪生等人大力推動的直流送電系統漸漸被交流送電系統超越。

曾在愛迪生的公司工作的尼可拉·**特斯拉**（1856～1943年）跟美國發明家威斯汀豪斯一起開發使用交流電的感應電動機，反過來打敗了愛迪生。

這場電流戰爭最終在尼加拉瀑布的水力發電廠選擇採用交流電系統後分出勝負。為了滿足美國東岸人口集中地區的電力需求，美國在1896年時利用尼加拉瀑布的水力發電，並使用交流電進行長距離送電，大獲成功。看到這起成功案例後，全球的電力事業開始廣泛使用交流電送電，並且大幅成長。

（4）20世紀的電力技術

自19世紀末電力事業以先進工業國家為中心普及以來，人們的生活中愈來愈常運用電力。進入20世紀後，洗衣機、冰箱、電視等家電，以及由大批工廠運用電力生產的產品進入日常生活。

20世紀的電力技術在第2次世界大戰前進步迅速。電力網（運送電力的系統）的快速拓展，以及電信（把文字等轉換成電子訊號跟遠方通信的技術）、收音機廣播的普及，大幅改變了人類的生活樣貌。電信、電話的普及使得人們可以跟遠方的他人即時（沒有延遲）交談，並用於商業交流，也促進了往後電視、廣播、新聞的發展。同時這項技術也被用於政治和軍事，快速傳遞情報變得愈來愈重要。收音機廣播的普及為人們帶來新的娛樂，並鋪設通往現代商業化社會的道路。

而第2次世界大戰後的電力技術，則以電視的普及和電腦的出現最為重要。電視節目擁有收音機廣播遠遠比不上的資訊量，具有統合社會的功能。而現代人生活中不可或缺的電腦，則在電晶體等半導體（可控制電流通過或不通過線路的裝置）被發明後飛速發展。最早的電腦還只是普通的計算機，卻在50年間大幅進化，變成由各種內含半導體的積體電路組合而成的精密機器。相信未來電腦和網路技術將繼續在全球快速發展下去。

（1）由日本愛迪生建立的日本首間電力公司

一窺江戶時代的**平賀源內**（1728～1780年：生於今天的香川縣）復原 Elekiter（內部裝有萊頓瓶的靜電產生裝置）等重要事件，會發現日本的電力史就是明治時代文明開化後的技術引進史。

我真是天才。

平賀源內

日本的愛迪生
東芝公司的
創辦人

藤岡市助

做得好

嗯嗯

TOSHIBA

關於日本是如何引進、應用歐美國家的技術，再推廣到全國各地，這是個很龐大的問題。這段歷史中一馬當先引領時代的，便是現在東京電力公司的前身 —— 東京電燈公司。

後來當上東京電燈公司技師長的**藤岡市助**（1857～1918年：生於山口縣）很早以前就提到電力事業的必要性，他在1884年前往美國參觀萬國電力博覽會，更直接跟愛迪生會面，受到很大的激勵。民間流傳的某個說法是，當時愛迪生告訴藤岡：「需要進口電力器具的國家注定會滅亡。所以請先從製造電力器具開始，設法讓日本變成電力器具能夠自給自足（可以自己生產自己需要的東西）的國家。」而且還在藤岡回國後寄送電話機和電泡鼓勵他。

也因為如此，藤岡辭掉了帝國大學的助理教授，進入東京電燈公司擔任技師長，並開始自己製造電力器具，下定決心要發展日本的電力事業。

1887～1890年之間，他在東京市內建造了5座發電廠，開始為白熾燈泡提

供電力。這距離愛迪生開始在紐約提供電力只晚了短短5年的時間。換言之，當時的日本也引進了最尖端的技術。藤岡為了將白熾燈泡國產化，創辦白熱舍公司（後來的東芝公司），幾經挫折後終於在1890年成功。隨後藤岡又建立了電車、電梯、發電機等電力事業，而被譽為「日本愛迪生」。

交流電滾開～

驅逐

岩垂邦彥

1887年，神戶也成立了電力公司，2年後在大阪、京都、名古屋，接著是橫濱、熊本、札幌等日本全國各地都出現了電力公司。值得注目的是，於大阪成立的大阪電燈公司從一開始就選用了交流電系統。這是曾遠赴美國、在愛迪生公司旗下工作過的**岩垂邦彥**（1857～1941年：生於福岡縣。後成為大阪電燈公司的技師長）的建議。岩垂雖然曾在愛迪生的公司上班，卻選擇了輸配電（輸送和配送電力）效率更好的交流電系統。同時，大阪電燈公司也把發電機等其他電力機器全部統一成交

我要開公司！

流電。由於當時正值直流電和交流電互爭勝負的電流戰爭期間，岩垂也因此被趕出愛迪生的公司。

東京電燈公司採用直流電，而大阪電燈公司採用交流電，雖然日本也上演了電流大戰，但在用電的人逐漸增加，輸配電區域愈來愈廣之後，交流電取得了壓倒性優勢。1895年淺草火力發電廠開始運轉，交流電正式成為市場主流。岩垂也成立了日本電氣公司（後來的NEC），為日本電力的發展帶來巨大貢獻。

而在日本全國的電力事業日益擴張之際，有「電力王」別稱的**福澤桃介**（1868～1938年：生於埼玉縣）和人稱「電力之鬼」的**松永安左衛門**（1875～1971年：生於長崎縣）登上了歷史舞台。福澤桃介是福澤諭吉（1835～1901年）的入贅女婿，他在當時剛成立的日本股市大賺一筆後，用賺來的錢成立了許多事業。福澤跟應慶義塾的學弟松永一起在1909年成立了電力事業。福澤先是主導了名古屋電燈公司的木曾川水力開發工程，接著逐漸把電力事業拓展到全日本。

日本的
電力王

福澤桃介

當時日本的電力事業通常是在大型河川建造水力發電機，再將電力輸送到都市賺取費用。而福澤等人買下擁有水力發電廠的中小型電力公司，再將這些公司整併起來，控制了整個日本中部和近畿地方。在第1次世界大戰後的1921年，福澤創立了主要從事木曾川等電源開發（建造用於生產的發電設施）的大同電力公司，又於同年創辦東邦電力公司，任命松永擔任取締役副社長。東邦電力的事業擴及九州、中國、關西、名古屋地區，使得大同電力、東邦電力兩家公司在日本佔有極高的份額（市場佔有率）。這也讓福澤得到了電力王的綽號。

（2）5大電力公司的時代

大正末期（1920年左右）到第2次世界大戰期間，日本各地區的電力公司互相整併，進入了俗稱5大電力公司的時代。這5大分別是東京電燈、東邦電

力、大同電力、宇治川電氣、日本電力。在1936年當時，這5家公司就佔了全日本約60%的發電量。

　　宇治川電氣是關西的電力公司，成立於1906年。它是由一群認為可以利用琵琶湖流出的河水發電的人共同創辦，由多間公司合併而成的。原本，琵琶湖的水力發電是被滋賀縣的運河公司、大阪和京都的電燈公司以及東京的出資公司這3大集團激烈競爭，後來這3個集團一起成立了宇治川電氣。在宇治川電氣跟大同電力簽訂電力供給合約後，逐漸發展成5大電力公司之一。而宇治川電氣更是5大公司中最先投入電力鐵道事業的公司。

　　日本電力公司是以電源開發為目的，由大阪實業家**山岡順太郎**（1866～1928年：生於石川縣）跟大阪商船公司、宇治川電氣一起在1919年成立的公司。日本電力公司在飛驒川、神通川、黑部川建造水力發電廠，並鋪設了從富山到大阪、東京的輸電線。到了昭和初期（1930年左右），日本政府開始討論是否應該電力事業國有化（電力國營化），而山岡一直全力反對國營化。

　　進入5大電力公司時代後，電力公司之間的競爭愈加激烈。互為兄弟的宇治川電氣和日本電力互相爭奪著大阪、京都的電力供應市場，同時日本電力也進軍名古屋，與東邦電力搶奪領土。後來，在富山～東京之間的輸電網完工後，日本電力又進軍東京，跟東京電燈公司競爭。這個時代的電力供應網不像現代一樣用行政區劃分，而是混雜了各家公司。因此，5大電力公司都為了搶奪市場佔有率而互相競爭。

　　然而，1927年日本爆發了金融恐慌，接著1929年又發生世界經濟大蕭條，整個產業的景氣惡化，電力需求減少，各家公司都陷入經營困境。於是這5大公司決定共同合作，締結電力聯盟，但隨後二戰爆發，戰爭愈來愈激烈，日本政府不顧電力業者反對，成立了日本發送電公司，將大部分電力事業國有化。

（3）9大電力公司的誕生與電力自由化

　　第2次世界大戰結束後，原本戰爭期間的電力使用限制得以解除，但各地區的發電廠、變電所、輸配電網都深深受創。戰爭中的發電都以軍隊優先，因此無法進行電力設備的管理和更新（換成新設備）。即便在戰爭結束後，仍經常發生停電，導致工廠必須暫停生產，日本發送電公司的電力基礎建設復原工作

遲遲沒有進展。

　　1951年，在GHQ（美軍佔領時於日本設置的總司令部）和松永的努力推動下，日本發送電公司解散，改為現在的9大電力公司體制。引進民間企業的市場競爭後，電力基礎設施的復原工作終於有了進展。然後，於2016年日本通過電力自由化，許多新公司投入電力事業，日本人可以自由選擇跟哪家公司購買電力。

　　如今日本已經幾乎不會停電，電壓和頻率也相當穩定，供電品質在世界各國中名列前茅。這都得感謝電力供應從業者們的努力。現在，送到我們家中的電力是來自水力、火力、核能、風力、太陽能等各種來源。未來預期將引進更多可再生（天然）能源，但要確保電力的品質，維持供電的穩定性，還需要更進一步的技術提升。大家也要正確地使用電力，不要浪費電喔。

名字變成單位的電學偉人

（1）庫侖

單位 C

庫侖

夏爾・奧古斯丁・德・庫侖
1736～1806年，法國
電荷（電的本質）的單位：庫侖〔C〕
　　庫侖生於法國，他發現了靜電相吸互斥的**庫侖定律**。他還發明了精密的扭秤，從事靜電相關的研究。在法國大革命之前，他曾擔任陸軍士官參與修築要塞（城堡），之後成為法國科學院的會員。

（2）瓦特

單位 W

瓦特

詹姆士・瓦特

1736～1819年，英國

功率的單位：瓦〔W〕

　　生於蘇格蘭的發明家和工程師。改良了蒸汽機，對工業革命的發展有巨大貢獻。功率的概念不只用於電學，更廣泛被物理學採用。直到83歲過世前都一直熱中於發明。另外，**馬力**這個單位也是瓦特提出的。

（3）伏打

單位 V

伏打

亞歷山卓・伏打

1745～1827年，義大利

電壓的單位：伏特〔V〕

　　伏打生於義大利的貴族家庭，從皇家學院畢業後成為物理學家。他發覺電壓和電荷可以分開來思考，發現了電位差。另外，他還發明了運用氫氣發射的火槍。拿破崙很崇拜伏打，還為他冊封伯爵爵位。

請自由書寫

（4）安培

單位 A

安培

安德烈-馬里·安培
1775 ～ 1836 年，法國
電流的單位：安培〔A〕

　　出生於里昂的安培據說從小就很擅長數學。他在 18 歲時於法國大革命中失去了父親，後來成為巴黎綜合理工學院的教授，並根據厄斯特的發現，專注研究電線上電流的交互作用（互相影響的意思）。他用數學解釋了電的現象，發現了**安培定律**。

　　另外，他還製作了螺絲管（捲成螺旋狀的線圈），研究電和磁的關係。

（5）高斯

我發現了
高斯定理喔～

單位 G
（現在是 T）

高斯

卡爾·弗里德里希·高斯
1777 ～ 1855 年，德國
磁通量密度的單位：高斯〔G〕
　　　　　　　※現改用特斯拉〔T〕

　　生於德國的數學家、天文學家、物理學家。高斯從小就有驚人的數學能力，7 歲便能理解等差級數，拿到獎學金進入大學後，19 歲便發表了只用圓規和直尺畫出正 17 邊形的方法。他在數學界留下了許多發現和偉業。在數學領域有很多跟他有關或以他命名的定理、概念、定律。比如交流電理論中不可或缺、用於表達複數的高斯平面。

另外，高斯還曾跟物理學家威廉・韋伯（1804～1891年，德國，磁通量的單位：韋伯〔Wb〕）一起從事研究，對電磁學的發展貢獻巨大。雖然現在磁通量密度的單位已經不再使用高斯〔G〕，而是改用特斯拉〔T〕，但他仍以高斯定理、高斯定律等而聞名，留下許多功績。

（6）歐姆

歐姆定律
$$V(V) = R(\Omega) \times I(A)$$
電壓　　電阻　　電流

單位 Ω

歐姆

蓋歐格・西蒙・歐姆
1789～1854年，德國
電阻的單位：歐姆〔Ω〕

歐姆生於巴伐利亞王國，父親是位鎖匠。他的職業是高中的數學老師，並於業餘時間自己從事研究。在1826～1827年間，他發表了一項可導出歐姆定律的實驗結果，但普遍不被當時的物理學者們接受。直到年老之後，他的研究成果才受到重視。因此，歐姆到了過世前5年才終於成為畢生憧憬的大學教授。

（7）法拉第

單位 F

這樣就能一直產生電力。

法拉第

麥可・法拉第
1791～1867年，英國
電容量的單位：法拉〔F〕

法拉第生於倫敦郊外，因為家裡沒錢，所以一直在家自學。他幾乎沒有上過學，14～21歲都在書本裝訂店工作。據說他在這段期間讀了很多書。其中他對哲學和科學

最感興趣。後來，他找到當時著名的化學家漢弗里・戴維（1778～1829年）並請求成為他的助手，並獲得雇用，最初是在化學界留下成績。1831年，他發現了**電磁感應定律**。這項定律後來被詹姆士・克拉克・馬克士威（1831～1879年，英國）整理成數學化的表達方式，奠定了電磁學的發展基礎。

除此之外，他還發現了法拉第效應與靜電的遮蔽效應，並以化學家的身分積極解決公害問題。1861年他出版了《蠟燭的化學史》，2019年的諾貝爾化學獎得主吉野彰先生說自己就是在小學讀到這本書，才決定踏上科學研究的道路。由此可見，法拉第是位超越其生活時代、貢獻卓著的偉人。

（8）亨利

單位 H

被別人
搶先了呀……

亨利

約瑟・亨利
1797～1878年，美國
電感的單位：亨利〔H〕

亨利是位美國物理學家。雖然他比法拉第提早1年發現電磁感應現象，但因為發表得比較晚，所以電磁感應定律是以法拉第的名字命名。除此之外他在電信研究方面也有成就，比如繼電器就是他發明的。

在老年，他致力於推動美國的科學（學術、產業等）發展，並當上美國燈塔委員會的會長。

請自由書寫

（9）焦耳

焦耳

詹姆斯・普雷斯科特・焦耳

1818 ～ 1889年，英國

熱量的單位：焦耳〔J〕

　　焦耳生於英國，曾在電力產生的熱量研究方面留下重要成果。他關注電能和熱能的轉換，發現了**焦耳定律**，推導出電阻和電流產生之熱量的關係。

（10）特斯拉

尼古拉・特斯拉

1856 ～ 1943年，克羅埃西亞

磁通量密度的單位：特斯拉〔T〕

特斯拉

　　特斯拉的父母都是塞爾維亞人，他曾在匈牙利的電信局工作，並於1881年想出了感應電動機的設計。後來他在1884年搬到美國，並成功進入嚮往的愛迪生公司上班。但後來他因提議發展交流電事業而跟愛迪生對立，最終離開了公司。

之後，他與威斯汀豪斯一起致力發展交流電。特斯拉發明了交流發電機、高壓電變壓器、無線電通訊器、火星塞等許多現代隨處可見的東西。此外據說他還精通8國語言。

（11）赫茲

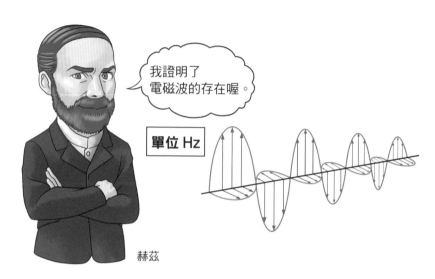

我證明了
電磁波的存在喔。

單位 Hz

赫茲

海因里希・赫茲
1857～1894年，德國
頻率的單位：赫茲〔Hz〕

　　赫茲生於漢堡，長大後成為大學教授，並長年研究電磁波。英國科學家馬克士威用理論預言了電磁波的存在，以及光也是一種電磁波，但直到1888年赫茲才真正用實驗證明了這件事。然而，赫茲在36歲時便英年早逝。

　　後來義大利的古列爾莫・馬可尼（1874～1937年）繼續發展赫茲的電磁波研究，創造了無線通訊技術。

請自由書寫

曾經爭得你死我活的愛迪生和特斯拉，
後來怎麼樣了呢？

愛迪生獎章

愛迪生信仰直流電，而特斯拉信仰交流電。試圖用直流電系統建立商業帝國的愛迪生，雖然用盡各種方式打擊特斯拉，但在1893年舉辦的芝加哥萬國博覽會上，愛迪生還是敗給了特斯拉，由特斯拉成為電流大戰的贏家。這場激烈的競爭甚至被拍成電影。

那麼擁有超過1,000項專利的發明大王愛迪生，後來怎麼樣了呢？

在萬國博覽會的前一年，愛迪生離開了自己創辦的公司，投入電影和橡膠等新事業。橡膠事業是愛迪生跟原本就在愛迪生公司任職工程師的福特（福特汽車公司的創辦人）和泛世通（泛世通輪胎的創辦人）的共同事業。當年由愛迪生成立的奇異公司，現在已是國際級的大企業。

美國電氣學會（現在的美國電氣電子工程學會）在1909年設立了愛迪生獎章。而打敗了愛迪生直流電系統的威斯汀豪斯在1911年、特斯拉也在1916年因交流電系統的成就而獲頒愛迪生獎章。……真是有趣對吧。

特斯拉擁有大約300項專利。他曾做過渦輪和無線供電系統等研究，甚至一度傳聞他將會獲頒諾貝爾獎。塞爾維亞和前南斯拉夫共和國的鈔票上也有他的肖像，現在磁通量密度的單位也是特斯拉。然而，據說特斯拉老年過得十分貧困。

大家認為這場電流戰爭的真正勝利者，究竟是愛迪生還是特斯拉呢？

協力：電氣史料館

成為鈔票的電學偉人

20 英鎊　◇法拉第　　　　50 英鎊　◇瓦特　　　　10 馬克　◇高斯

10,000 里拉　◇伏打　　　　　　　　　100 第納爾　◇特斯拉

協力：文鐵、鈔票與錢幣資料館 https://www.buntetsu.net/
Andrea Jährlich、（株）關東保全

第3部

電的真面目

認識電的真面目（真正的模樣）

電可以照明房間、驅動冰箱和洗衣機，是生活中必要之物，但它到底是什麼呢？

（1）所有物質都有電!?

打開房間的電燈開關，電流便會通過燈泡點亮房間。而所謂的電流就是電性是－（負）的電子（自由電子）的流動。電的本質就是電子。

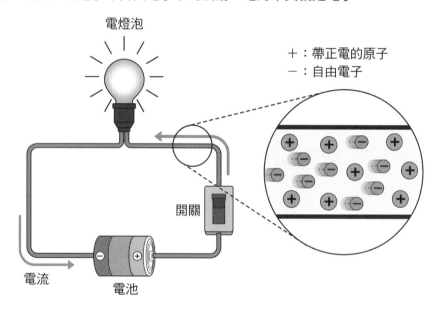

電性是－的電子並不會憑空冒出來，而是幾乎存在這個世界上的所有東西裡。

比如用摩擦頭髮和墊板的例子來思考。在摩擦時，存在於頭髮中的電子會有一部分移動到墊板上。電性為－的電子減少後，頭髮的電性就變成＋（正，帶＋電），而電子變多的墊板的電性則變成－（帶－電）。

頭髮和墊板之所以會互相吸引，是因為一個帶＋電，而另一個帶－電。

電具有＋和＋、一和一相斥，而＋和一相吸的性質。這個性質跟磁鐵很像。磁鐵的Ｎ極和Ｎ極、Ｓ極和Ｓ極也會互斥，而Ｎ極和Ｓ極會相吸。就像在頭髮和墊板的實驗中看到的，＋和一也有同性相斥、異性相吸現象，這種現象叫作**靜電力**。

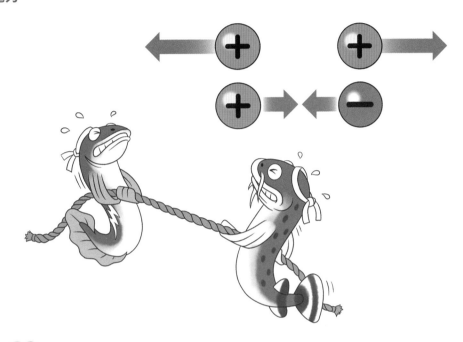

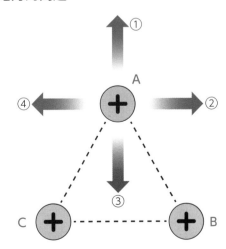

問題

這裡請大家跟比利鰻一起來想想有關靜電力的問題。

假設把3個大小一樣，而且都帶＋電的Ａ、Ｂ、Ｃ擺成兩兩距離相等的三角形。請問在Ｂ和Ｃ的作用下，Ａ會往哪個方向移動？請從①～④中選一個答案。

　　因為全部的＋都會互斥，所以只要用Ａ和Ｂ互斥，Ａ和Ｃ也互斥來想就很好懂了。

　　Ａ和Ｂ互斥，以及Ａ和Ｃ互斥時的移動方向，就跟下面插圖畫的一樣。只考慮Ａ和Ｂ時，Ａ會受到ⓐ方向的力。而只考慮Ａ和Ｃ時，Ａ會受到ⓑ方向的力。把ⓐ和ⓑ的力同時加起來，就會讓Ａ往①的方向移動。磁鐵也是，把3個磁鐵相同極性的一端擺在一起時，移動方向也會跟靜電力一樣，請大家自己試試看。

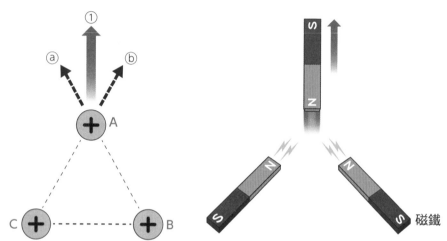

磁鐵

（2）物質的最小單位「原子」

　　我們身邊的所有物質都是由不同種類的原子組裝起來的。目前已經被科學家們發現的原子約有100種。原子是組成物質的最小粒子。雖然也有不適用一般通例的原子，但大多數原子都有以下幾種性質。

① 不能再被分割。

② 不會消失、不會增加，也不會變成其他種類的原子。

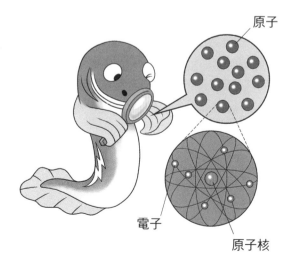

原子

電子

原子核

③ 每種原子的大小和重量都是固定的。

　　原子的中心有原子核，原子核周圍存在著電性是－的電子。而原子核本身又是由電性為＋的質子，跟電性不是＋也不是－的中子組成。質子和電子的數量相同，且＋和－的電性強度也相同。不過，質子的重量大約是電子的1,840倍，比電子大非常多。

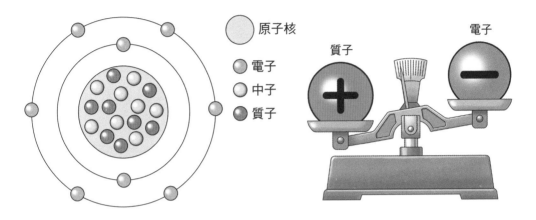

　　如果把原子放大到跟東京巨蛋（約4.7公頃）一樣大，那麼原子核的大小將只有1日圓（直徑2cm）那麼大。可見跟整個原子比起來，原子核非常地小。

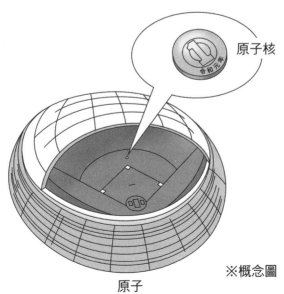

※概念圖

原子

（3）質子、中子、電子的特性

原子是由質子、中子組成的原子核，跟圍繞在原子核周圍的電子組成的。我們可以把它想像成太陽系。若原子核是太陽，那麼在太陽周圍公轉（有規律地繞轉）的行星就是電子。

※概念圖

原子核

電子

質子的電性是＋，而電子的電性是－。中子是沒有＋也沒有－的中性狀態。因為原子核是由質子和中子組成，所以會帶＋的電性。而＋和＋、－和－相斥，＋和－則相吸。質子帶的＋電跟電子帶的－電只有電性不一樣，強度大小是一樣的。通常，原子內的質子數量跟電子數量相同，而因為＋和－的強度相同，所以質子和電子的＋和－會互相抵消，讓原子保持在電中性。

原子的原子序就是指原子的質子數量，而電中性的原子，它的質子和電子數量相同。換言之，原子序＝質子數量＝電子數量。

〈 氫、氦、碳的原子 〉

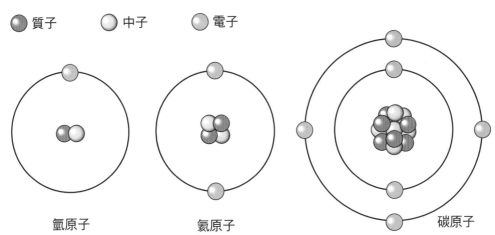

質子　　中子　　電子

氫原子　　　　　　　氦原子　　　　　　　碳原子

〈 元素表 〉

原子序	元素符號	元素名稱
1	H	氫
2	He	氦
3	Li	鋰
4	Be	鈹
5	B	硼
6	C	碳
7	N	氮
8	O	氧
9	F	氟
10	Ne	氖
11	Na	鈉
12	Mg	鎂
13	Al	鋁
14	Si	矽
15	P	磷

原子序	元素符號	元素名稱
16	S	硫
17	Cl	氯
18	Ar	氬
19	K	鉀
20	Ca	鈣
21	Sc	鈧
22	Ti	鈦
23	V	釩
24	Cr	鉻
25	Mn	錳
26	Fe	鐵
27	Co	鈷
28	Ni	鎳
29	Cu	銅
30	Zn	鋅

※ 原子序跟質子數量和電子數量相同

（4）在原子周圍飛行的電子

原子核周圍電子的座位（可以容納的電子數量）之軌道和數量都是固定的。電子的座位就像是球形的軌道，而且分成很多層。距離原子核由近至遠分別被稱為K殼層、L殼層、M殼層、N殼層……。

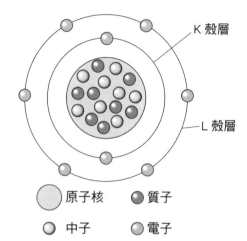

K殼層

L殼層

原子核　質子

中子　電子

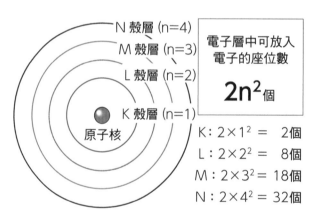

N殼層 (n=4)

M殼層 (n=3)

L殼層 (n=2)

K殼層 (n=1)

原子核

電子層中可放入
電子的座位數

$$2n^2 個$$

K：$2 \times 1^2 =$ 　2個
L：$2 \times 2^2 =$ 　8個
M：$2 \times 3^2 =$ 18個
N：$2 \times 4^2 =$ 32個

每個殼層的電子座位數量都是固定的。K殼層有2個座位，L殼層有8個，M殼層有18個，N殼層則有32個。

比如，鈉元素的原子序是11，代表它有11個質子，且電性是中性。換言之，它的電子也是11個，而K殼層上有2個，L殼層上有8個，M殼層上有1個。

$$_{11}Na$$

原子核
（裡面的數字是質子個數）

總電子數：11個
K殼層（2個座位）：2個
L殼層（8個座位）：8個
M殼層（18個座位）：1個

11+

電子

在電學原理中，最重要的是分布在原子最外層的電子。這一層的電子很容易離開座位飛到外面，且常常有新的電子從外面跑進這裡的空位，而這會讓原子發生化學和電學上的變化。這些坐在最外層的電子叫作**自由電子**。

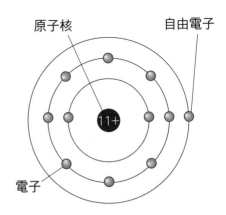

這種自由電子很好動，只要看到其他原子的電子座位沒人坐，便會擅自跑過去。這種可以移動的性質非常重要，因為它會讓原本是電中性的原子電性變成＋或－（帶電）。而原子從電中性變成帶電的現象叫作**離子化**。

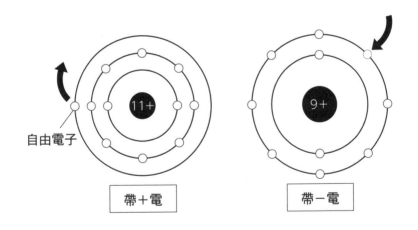

只要給予原子某種刺激（比如摩擦或加壓等），自由電子就會移動。當某個原子的自由電子跑掉時，原本數量相同的質子和電子就會失去平衡，使得質子的數量多於電子，讓原子的電性變成帶＋電。相反地，若原子得到新的自由電子，電子的數量便會超過質子，使原子的電性變成帶－電。

靜電會冒出火花、使物體相吸，就是因為互相摩擦後，自由電子移動到易帶－電的物質上，讓２個原本電中性的物質變成１個帶＋電，１個帶－電，產生放電現象和靜電力作用。

（5）電荷守恆定律

　　自由電子的移動會使物質帶＋電或帶－電，但電性（電荷）不會憑空產生，也不會消失不見。每種物質的電性大小（電量）都是天生決定好的。

　　舉個例子，假設比利鰻 A 帶有電性為＋、大小為 8 的電荷。此時，假如比利鰻 A 跟另一隻帶有電性為＋、大小為 6 之電荷的比利鰻 B 牽手，兩人帶的總電荷量就變成 14。接著再放開手時，比利鰻 A 和比利鰻 B 會各自拿走大小為 7 的電荷。兩人加起來的總電荷大小不會改變。這就叫**電荷守恆定律**。

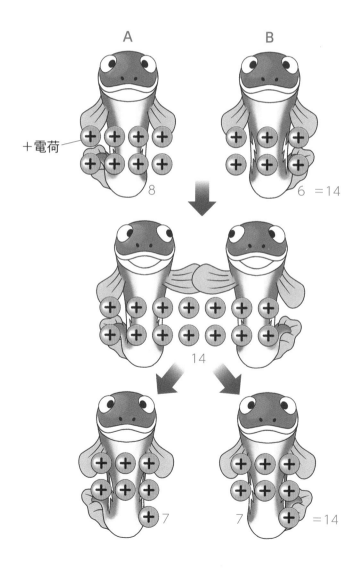

電流和電壓的角色

> 學習電學時，首先一定會遇到「電流」和「電壓」這兩個詞。電流和電壓究竟是什麼呢？

（1）自由電子移動就會形成電流!?

　　自由電子一移動，物質就會帶＋電或－電。而有時候，自由電子會在某種力的作用下持續移動。此時，電子會像流水一樣移動，因此我們把它比喻成「電的河流」，寫成電流。電流的單位是安培〔Ａ〕。

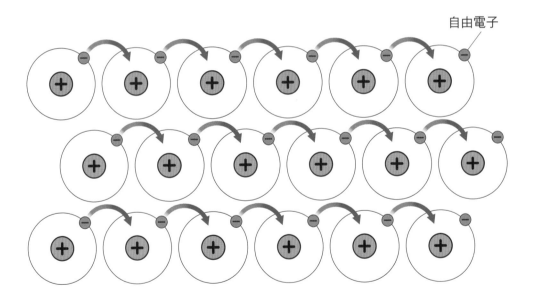

自由電子

　　更準確地說，所謂的電流，是指某平面（截面）上每秒通過的自由電子（電荷）數量（密度）。

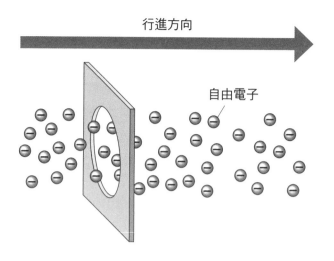

行進方向

自由電子

　儘管這定義有點惱人，但電流的流動方向其實跟自由電子的移動方向相反。這是因為在電學研究剛起步時，科學家雖然還不知道自由電子存在，卻已經定義了電流的方向。現在，人們已經知道電流的真面目不是質子（原子核）的移動，而是電性為－的自由電子的移動。大家在搭乘巴士或電車，看著窗外的景色飛逝時，是不是感覺自己好像沒有移動，而是風景不斷往後跑呢？同樣地，從自由電子的角度來看，質子（電流）也是往相反方向移動。

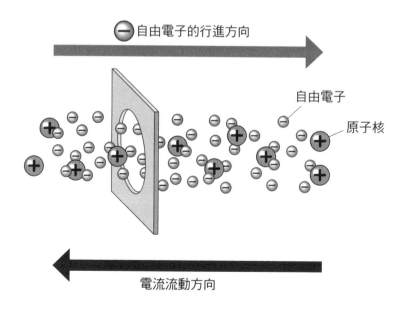

自由電子的行進方向

自由電子

原子核

電流流動方向

不論燈泡距離開關有多遠，只要打開開關，電燈都能瞬間亮起來。電燈會亮是因為有電流通過。雖然電流看起來就好像跑得跟光一樣快，但其實電流流動的速度比蝸牛還要慢。

光的速度，也就是光速，大約是每秒30萬km。繞地球跑一圈的距離大約是4萬km，所以光速1秒可以繞地球7圈半。

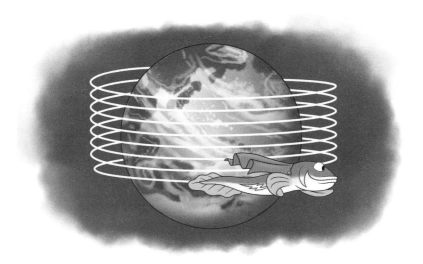

而電流就是電子的流動。當截面積1mm^{2}的導線有1A的電流通過時，電子的流動速度大約是每秒0.07mm，相當於1分鐘約4mm，速度非常非常慢。

比如，用2條導線串連電池和LED燈泡時，電子從電池流出後到達LED燈泡所需要的時間，比蝸牛爬過去還慢。然而，當LED燈泡連上導線的那瞬間，燈泡馬上就會亮起來。這是因為在LED燈連上電池的瞬間，並不是從電池跑出來的單一電子抵達且點亮電燈，而是整條導線上的電子都同時移動。這就好像工廠的輸送帶一樣，整條輸送帶上的電子都會被往前推。

在理解電流的速度時，不要理解成「電流速度＝光速」，而是想成「電子傳導的速度」更簡單明瞭。換言之不是電流本身等於光速，而是電流傳導的速度等於光速。

〈 電子的流動 〉

電子的流動速度 約0.07［mm/秒］

截面積 1［mm²］

電流 1［A］

導線

進入

流出

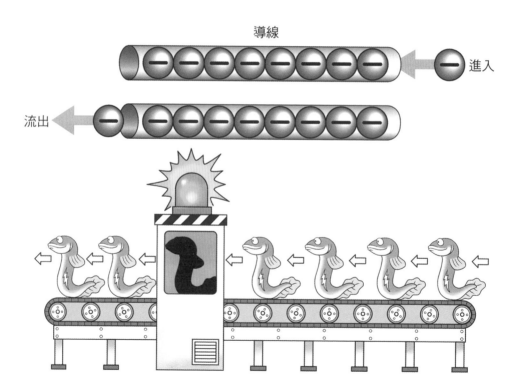

（2）電壓就是使電流流動的力

　　電壓就是使電流流動的力。要比喻的話，電壓就像是吹氣球時的吐氣力量，或是玩水槍時把水推出去的力。電流的單位是伏特〔Ｖ〕。

　　此時，當吹氣的力量愈強，氣球就膨脹得愈大；愈用力推壓水槍的活塞，噴出去的水就愈強。而電壓愈強時，電流也愈大。

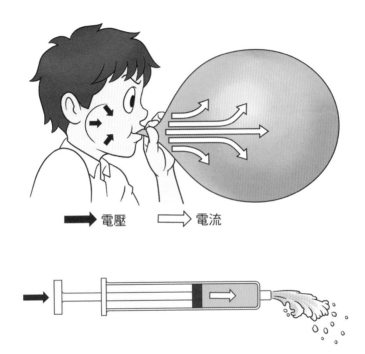

　　那麼，當燈泡連上電池時，電池內的電子會被全部推出來，直到最後電池內都沒有電子，電流才停下嗎？不，其實電池並不會真的變空。就像前面說的，電流的流動就是自由電子的移動。因為連接電池的導線本身也具有電子，所以連上電池時，電池並不是單方面流出電流，只是推動了原本就存在於導線內的自由電子（參照下一頁的圖）。不過，電池在使用之後，推動電子的力量會逐漸變弱。

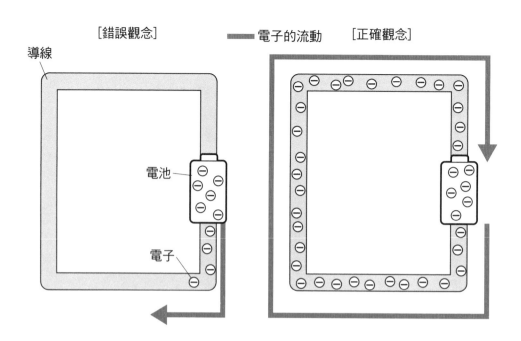

[錯誤觀念]　　　■■■ 電子的流動　　[正確觀念]

導線

電池

電子

　　電路是由「電壓」、「電流」、「電阻」這3者組成的。電阻（單位是歐姆〔Ω〕）會在電路實際上有電通過時，使燈泡發亮、使電風扇轉動，消耗電力讓電器工作。

　　接著，讓我們來思考一個用電池當電壓，用LED燈泡當電阻的電路吧。這整個電路就像溜滑梯，而電流（比利鰻）通過電池時就像從溜滑梯溜下來。溜滑梯的高度就是電壓（電池），而溜滑梯的阻力（暗黑比利鰻）則是LED燈泡。你可以想像成電流比利鰻從溜滑梯溜下，途中遇到暗黑比利鰻的阻撓，與之交戰迸出火花，於是點亮了LED燈泡。電流比利鰻滑下溜滑梯，跟擋路的暗黑比利鰻戰鬥，打贏後又爬回溜滑梯上方，準備下一場戰鬥。這個過程會連續不斷地重複。

　　同時，電流必然是從高處往低處流。電流在遇到阻攔時，滑下溜滑梯後電壓高度會變成0。這現象叫作電壓降。

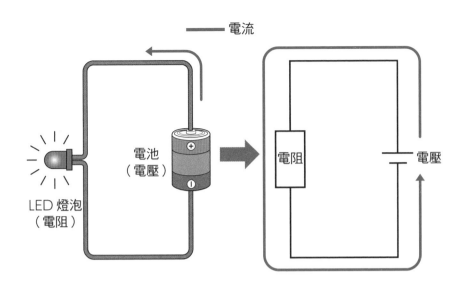

電流

LED 燈泡
（電阻）

電池
（電壓）

電阻

電壓

比利鰻（電流）

溜滑梯的高度
（電池：電壓）

暗黑比利鰻
（LED 燈泡：電阻）

（3）不同連接方式下的電力強弱

　　LED燈跟電池的迴路有很多種不同的連接方式，讓我們看看不同連接方式下燈泡的亮度有什麼不同吧。

〈LED燈泡跟電池的連接方式一覽表〉

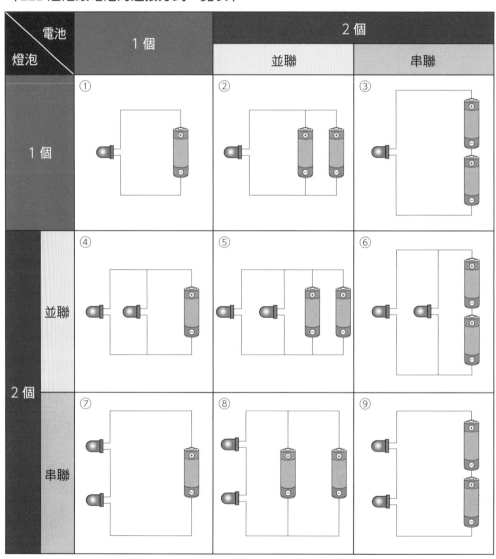

① **1顆燈泡（1隻比利鰻），1個電池（1座溜滑梯）的迴路**

以這種迴路的亮度為基準，設定為1。

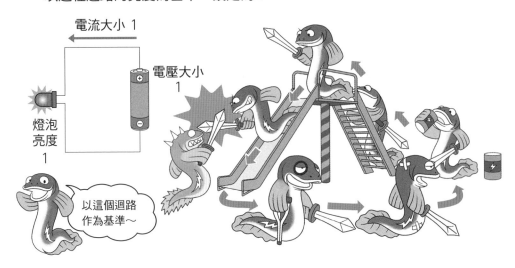

② **1顆燈泡（1隻暗黑比利鰻），2個電池並聯（2座溜滑梯並排）的迴路**

把1顆燈泡、2個電池連在一起。多個電池的＋極和－極朝同方向並排的連接方式叫做**並聯**。

此時燈泡的亮度跟①一樣。因為是2座同高度的溜滑梯並排在一起，所以電流比利鰻滑下來的速度就跟只有1座溜滑梯時沒有兩樣。另外，因為電流比利鰻並不會2隻同時滑下來，而是1隻接1隻輪流滑下跟暗黑比利鰻戰鬥，所以電流大小也不會改變。

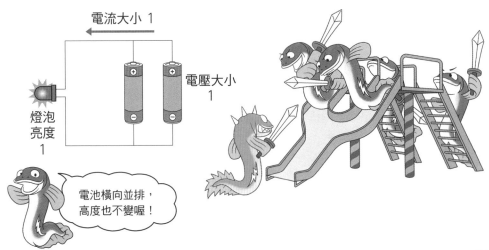

③　1顆燈泡（1隻暗黑比利鰻），2個電池串聯（溜滑梯高度變2倍）的迴路

　　把1顆燈泡和2個電池縱向連起來。將電池依＋極、－極的順序縱向連接的方法叫作**串聯**。

　　燈泡的亮度會變成①的2倍。因為溜滑梯縱向連接，因此高度（電壓）變成2倍。電流比利鰻滑下來的速度也變成2倍。在①中，電流比利鰻在固定時間內只能滑下1隻。不過，在③中，因為滑下溜滑梯的速度變成2倍，因此相同時間內滑下來的電流比利鰻變成2隻。所以電流會是2倍。

電流大小 2

電壓大小 2

燈泡 亮度 2

把電池頭尾相連，高度變成 2 倍，故亮度也是 2 倍喔！

④　2顆燈泡並聯（2隻暗黑比利鰻並排），1個電池（1座溜滑梯）的迴路

　　把2顆並聯的燈泡，跟1個電池連起來。由於溜滑梯的高度（電壓）不變，所以燈泡亮度也跟①相同。然而電流比利鰻必須分成2條路線滑下，同時跟2隻暗黑比利鰻戰鬥。換言之，因為電流要分別流過2顆燈泡，因此從電池流出的電流也變成2倍。

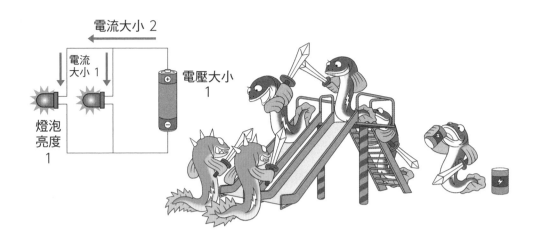

⑤ 2顆燈泡並聯（2隻暗黑比利鰻並排），2個電池並聯（2座溜滑梯並排）的迴路

　　把2顆燈泡和2個電池並聯。相信各位都已經知道結果如何了吧？把2座溜滑梯橫向並排，溜滑梯的高度不會改變，所以電壓也不變。故電流比利鰻會用跟①相同的速度滑下去。然而，攔路的暗黑比利鰻變成2隻。2隻電流比利鰻會同時分工對抗2隻暗黑比利鰻。因此，燈泡的亮度雖然跟①相同，但電流會是2倍。

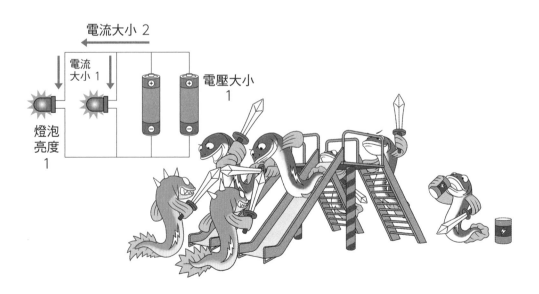

⑥ 2顆燈泡並聯（2隻暗黑比利鰻並排），2個電池串聯（溜滑梯的高度變2倍）的迴路

把2顆燈泡並聯，2個電池串聯。由於電池串聯，故溜滑梯的高度（電壓）變2倍。電流比利鰻從溜滑梯滑下的速度變2倍，代表相同時間內能滑下去的比利鰻也是2倍。因此，燈泡的亮度會是①的2倍。然而，攔路的暗黑比利鰻也是2隻並排。會有2隻電流比利鰻同時且各自跟1隻暗黑比利鰻戰鬥。與①相比，因為有2倍的電流比利鰻跟2隻暗黑比利鰻戰鬥，所以電流比利鰻的數量是①的4倍。換言之，從電池流出的電流是4倍。因為2顆燈泡分別有2倍的電流通過。

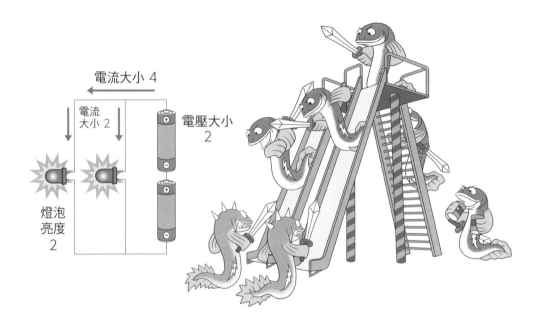

⑦ 2顆燈泡串聯（2隻暗黑比利鰻排成縱隊），1個電池（1座溜滑梯）的迴路

將2顆燈泡串聯，再連上1個電池。雖然溜滑梯的高度（電壓）跟①一樣，但攔路的暗黑比利鰻變成2隻，而且是排成縱隊。打倒1隻後，後面緊跟著還有1隻，所以阻擋的力量是①的2倍。結果，在相同時間內從溜滑梯滑下的電流比利鰻減為一半。因此，燈泡的亮度也只有①的一半。由於電阻增加，使得電流更難通過。所以電流大小也變成一半。

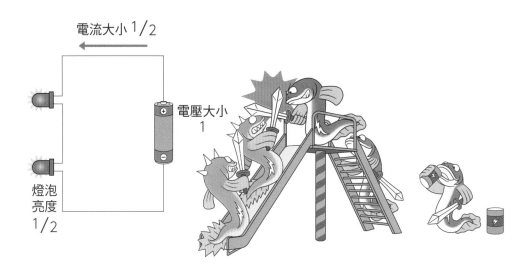

⑧ 2顆燈泡串聯（2隻暗黑比利鰻排成縱隊），2個電池並聯（2座溜滑梯並排）
　的迴路

　　將2顆燈泡串聯，2個電池並聯在一起。此時溜滑梯的高度（電壓）跟①相
同。攔路的暗黑比利鰻則是2隻排成縱隊。由於暗黑比利鰻阻擋的力量變成2
倍，故相同時間內可從溜滑梯溜下的電流比利鰻減為一半。電流和亮度都是①
的一半。

⑨ 2顆燈泡、2個電池都串聯（2隻暗黑比利鰻排成縱隊，溜滑梯高度變成2倍）的迴路

　　將2顆燈泡和2個電池都串聯在一起。因為電池串聯，故溜滑梯的高度（電壓）變2倍。電流比利鰻滑下溜滑梯的速度理應變成①的2倍。然而攔路的暗黑比利鰻也有2隻排成縱隊。電流比利鰻的速度變2倍，但阻擋的力量也是2倍，所以滑下溜滑梯的速度依然跟①相同。

　　因此，電流大小跟①一樣，燈泡亮度也跟①相同。雖然電壓高度變成2倍，但電阻也是2倍，所以電流不變，燈泡亮度也跟①一樣。

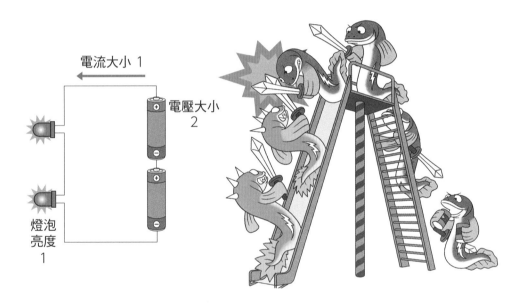

　　把燈泡、電池、電流之間的關係畫成溜滑梯和比利鰻的關係圖來想，就會好懂得多。但是，還有沒有其他更容易理解的方法呢？

　　有的。那就是可以用簡單的計算算出答案的**歐姆定律**。

電壓＝電阻×電流

以電壓為 V〔V〕，電流為 I〔A〕，電阻為 R〔Ω〕，則：
$$V〔V〕＝R〔Ω〕×I〔A〕$$

如果記不住乘法和除法的關係，可以跟數學課學過的「距離、速度、時間」一樣，用畫圓的方式，只要將要求的部分遮住就能計算出來了。

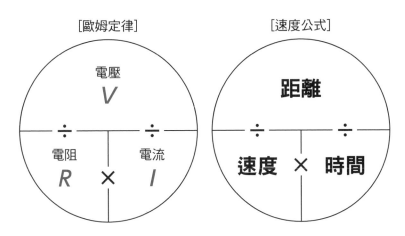

（4）總結

- 因導線上存在很多自由電子，故電路連上電池時電流會在整條導線上同時流動。
- 電壓可以想像成溜滑梯的高度。
- 攔路的暗黑比利鰻專門妨礙電流比利鰻的行動和前進。電流比利鰻跟攔路的暗黑比利鰻戰鬥時爆出的火花，就是電燈的光。
- 電壓、電流、電阻之間的關係叫歐姆定律。

串聯和並聯的迴路圖乍看很難，但只要畫成溜滑梯和比利鰻的關係圖，就可以輕鬆理解。大家自己親手做做實驗，應該也會有所體悟。不要著急、不要心慌，慢慢地、確實地、一步一步理解即可。

燈泡發亮的祕密

雖然電只在導線上流動，無法用肉眼看見，但我們可以藉由電流通過燈泡來得知導線上有沒有電。在不久之前的時代，人們普遍使用白熾燈泡和螢光燈，但現在大多改用只需少量的電就能發光的LED。

（1）白熾燈泡的發光原理

　　白熾燈泡由燈絲、玻璃球、燈帽這三者組成。通電時，電流會流過燈絲。接著，電流比利鰻會跟燈絲內的攔路暗黑比利鰻發生激戰，爆出強烈的火花，令燈絲發熱。此時燈絲的溫度會上升到 2,500 ～ 3,000℃，變成白熾狀態而發光。這就是白熾燈泡的發光原理。

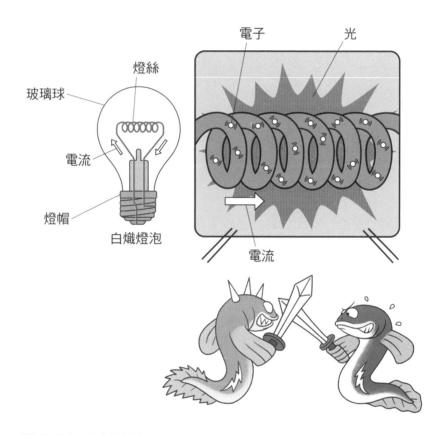

（2）螢光燈的發光原理

　　螢光燈的原理是把燈絲放在真空狀態的放電管（玻璃管）內，當電流通過時，電子就會飛出。放電管的內側塗有發光物質，並裝有水銀。

　　從燈絲飛出的電子撞到水銀，就會發出紫外線。用眼睛雖然看不到紫外線，但當紫外線通過塗在燈管內側的發光物質時，就會發出白色的光。這便是螢光燈的發光原理。

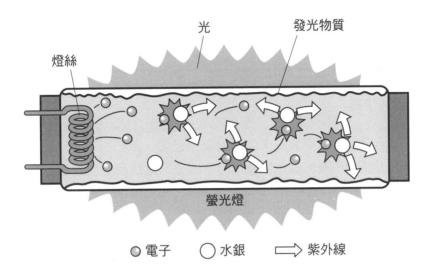

光

發光物質

燈絲

螢光燈

● 電子　　○ 水銀　　⟹ 紫外線

（3）LED 的發光原理

　　LED 的正式名稱叫發光二極體，被用於紅綠燈、裝飾以及照明等等。同時，LED 的耗電比白熾燈泡和螢光燈更少，壽命也更長。而 LED 燈中的發光部分叫做 LED 晶片。

　　發光二極體是由 2 個半導體接合而成（PN 接面）。其中一個是帶＋電的 P 型半導體，另一個是帶－電的 N 型半導體。當電流通過時，－電和＋電會動起來，互相撞擊而發光。這就是 LED 的發光原理。

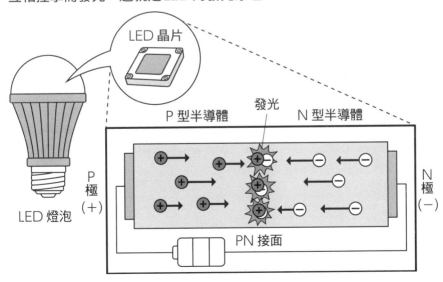

LED 晶片

P 型半導體　　發光　　N 型半導體

LED 燈泡

P 極（＋）

N 極（－）

PN 接面

為什麼電鰻的電這麼強？
電鰻也會觸電嗎？

（1）電鰻的生態

比利鰻（電鰻）的家鄉在南美洲的亞馬遜河。雖然名字裡有個「鰻」字，但在分類學上其實不屬於鰻魚家族，而是獨立的電鰻目。體型最長可以成長到2.5m左右。電鰻的身體細長，全身呈圓筒狀，頭部扁平，而尾巴直立。

電鰻在自衛和狩獵時會放電電暈獵物。此時的電壓大小約有600～800V。一般的家用插座只有110V，電鰻的電壓是它的6～8倍。以前也曾經有過人類被電鰻電死的案例。

600～800V

110V

請自由書寫

（2）放電原理

電鰻實際用來放電的部分，是佔身體比例8成、軀幹部的放電器官。

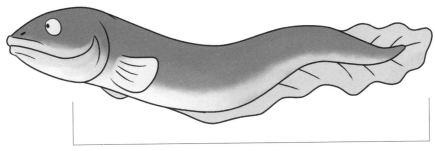

放電器官

這個放電器官的肌肉細胞含有大量鉀離子和鈉離子，並一層層重疊起來，就像一塊塊發電板。而這些發電板可透過化學反應來產生電力。

就像是把很多電池串聯（非常高的溜滑梯）在一起一樣。

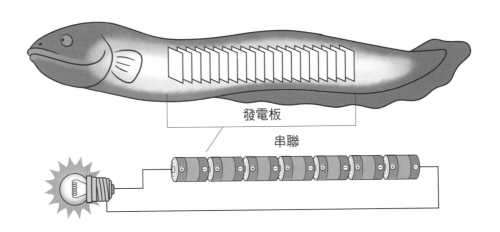

發電板

串聯

比利鰻的疑問

聽說電鰻的肛門在喉嚨，是真的嗎？

電鰻細長的身體有8成是放電器官，其餘所有內臟都集中在剩下2成的頭部。因此，肛門就在頭部的正下方。

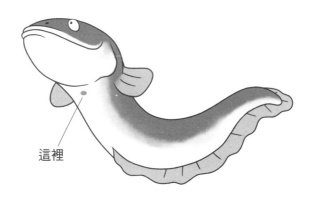

這裡

電鰻自己不會觸電嗎？

其實在放電時，電鰻自己也會稍微被電到。但電鰻的體內儲存了大量不導電的脂肪組織，所以不會被自己電死。

脂肪

第4部

‧ ‧ ‧ ‧ ‧ ‧ ‧ ‧ ‧ ‧ ‧ ‧

產生電力

電力是哪裡來的？

我們平常用的電是從哪裡來的呢？
真想知道電是怎麼送到我家的。

（1）電力沒辦法儲存!?

現在我們只要把插頭插上插座就有電可用。但是，電力本身跟電池不一樣，並沒有辦法儲存。因此，電力公司必須持續在發電廠製造電力。

電力公司會預測普通家庭、大型建築以及工廠的用電量。我們所使用的電量會因天氣（氣溫、濕度等）、星期幾、季節、節日（春節、寒暑假等）而大幅變化。此外，即使是在同一天內，中午和深夜所用的電量也比其他時候更少。

而電力公司會用人工智慧（AI）和過去的資料來分析（把一件複雜的大事情分成多個簡單的小部分來想）大家平常使用的電量和發電廠產生的電量，然後調整電力。

如果電力的生產和使用失去平衡，使用的電量超過生產的電量，很多地方就有可能會發生停電的情形。

生產

使用

停電！

　　發電廠生產的電，會先透過輸電線送到變電所，再從變電所透過配電線送到我們的住家、工廠或者辦公大樓等地方。而這兩段電力的通道分別被稱為**輸電系統**和**配電系統**。

（2）電力系統的原理

　　發電廠生產出來的電力，是依照發電→輸電→變電→配電的順序，最後抵達使用者的位置。這樣的組成全部加起來就叫作**電力系統**。

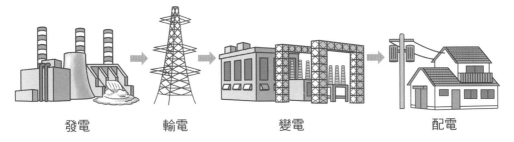

發電　　　　　　輸電　　　　　　變電　　　　　　　　配電

① 發電廠

　　發電廠就是用蒸氣、水、核能、太陽能或是風等力量來轉動發動機，產生電力的地方，是電力的起點。

　　在第5部中，我們會親手製作轉轉發電機來做發電實驗。在這個實驗中，我們是用雙手轉動磁鐵來產生電力；但發電廠不會用人手，而是使用其他力量

來使發電機運轉。

　　傳統上主流的發電方法雖然是水力發電、火力發電以及核能發電，但現在太陽能發電或風力發電等對地球環境更友善的發電方法也愈來愈多。

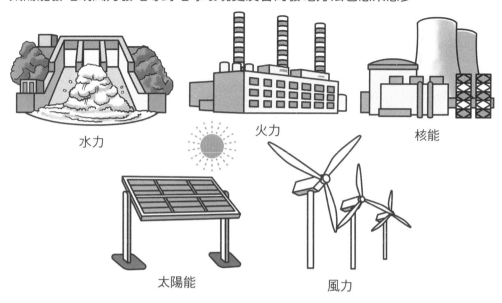

水力　　　　　火力　　　　　核能

太陽能　　　　風力

② 輸電線

　　輸電線是負責把發電廠生產的電以高效率送出去的電線。首先，發電廠會把生產出來的電提高到27萬5,000V以上的超高壓，再使用輸電設備把電送出去。這個電壓可以根據要使用電力的工廠大小，調降到15萬4,000V或6萬6,000V。

　　輸電線分為在地面上跑的**架空電纜**，以及在地下（地底）跑的**地下電纜**。日本全國的輸電線總長度約有18萬km，可以繞地球4圈半。

〈 輸電線的功能 〉
・利用高電壓毫不浪費地把大量電
　力有效送出去。
・利用地下電纜輸送電力的好處是
　不會擋住街上的風景。

11月18日

日本還有
電線之日喔！

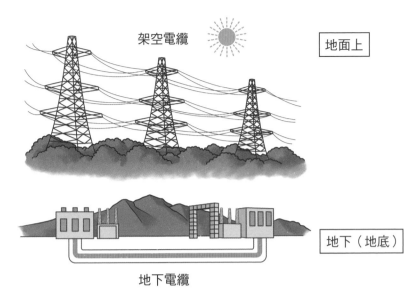

架空電纜

地面上

地下（地底）

地下電纜

③ 變電所

　　變電所是替發電廠生產的高壓電力降低電壓的地方。由於來自發電廠用輸電線輸送的電的電壓非常高，不能直接使用。所以要依序通過一次變電所→二次變電所→配電用變電所逐步降低電壓後，才會送到大家的家裡面給電器使用。

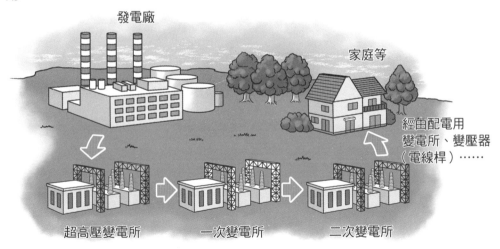

發電廠

家庭等

經由配電用
變電所、變壓器
（電線桿）……

超高壓變電所　　　一次變電所　　　二次變電所

〈 變電所的功能 〉

・ 將電壓變成適合使用者使用的大小。

・ 在電網發生意外時，可以單獨切斷故障的變電所繼續送電，確保電力不中斷。

④ 配電線

　　電力從發電廠出發，通過輸電線來到變電所，在變電所降低電壓後，最後會從配電線來到工廠、大樓以及我們的家中。在發電廠生產的電，會在輸送途中逐步降低電壓，到達電線桿時只剩下6,600V。然後電線桿上的變壓器會進一步降低電壓，在家用插座上變成110V。

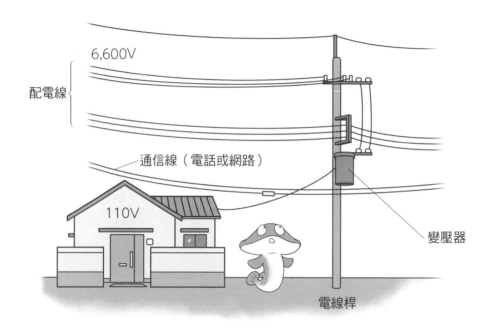

6,600V

配電線

通信線（電話或網路）

110V

變壓器

電線桿

比利鰻的疑問

為什麼電線是黑色的？

黑色

　　電線大多是黑色的。這是因為用來包裹電線的塑膠皮中含有被稱為碳黑的物質，這種物質可以抵抗來自太陽的紫外線和氣溫變化。

　　除了電纜線外，碳黑也會使用於化妝品的睫毛膏和輪胎中。

電是怎麼生產的？

大家一定也想知道
電力要怎麼生產對吧？

（1）產生電力的原理

　　產生電力的原理非常簡單。在線圈內轉動磁鐵，線圈就會產生電流。這個
原理稱為**電磁感應**。大家只要自己利用磁鐵和線圈嘗試看看，就可以實際發電
了喔。

　　電磁感應現象是英國科學家麥可·法拉第發現的。

線圈

線圈

是我發現
的喔～

法拉第

發電機就是利用電磁感應原理來產生電力。基本上，發電機就是在巨大的線圈旁邊轉動非常巨大的磁鐵。我們在第5部會介紹的轉轉發電機也是一種發電機。但現實中的發電廠使用的磁鐵非常巨大，用人力實在不可能轉動。因此，科學家們想出了很多方法來轉動這塊磁鐵。

（2）各式各樣的發電方法

① 水力發電
〈 水力發電的原理 〉
　　水力發電是把儲存在水壩裡的水從高處放流到低處，利用水往下流的力量來轉動水車的發電方式。

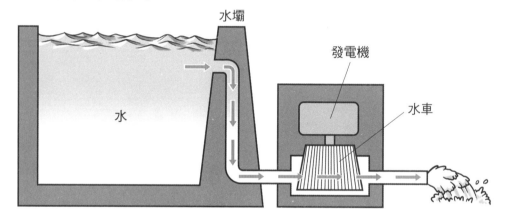

〈 水力發電的角色 〉
　　水力發電機是利用強勁的水流來產生電，而這個發電機的構造只要一通電，就能馬上變成馬達。
　　由於一般的發電廠即使生產了太多電力也不能突然停止運轉，所以幾乎一整天都是用相同的輸出功率在運轉。然而，我們白天上學上班時雖然需要很多電，但晚上睡覺時卻不需要用電，如果一整天都用相同的輸出功率運轉，就有可能使得白天的電量不夠用，而晚上電卻太多。

因此，某些水力發電廠會在電力過剩的晚上對發電機通電，把發電機變成馬達，並將水車當成泵浦將低處的水吸到高處。然後在電力不夠用的白天，再放出儲存在高處的水來轉動發電機。如此一來就不會造成電或水的浪費。

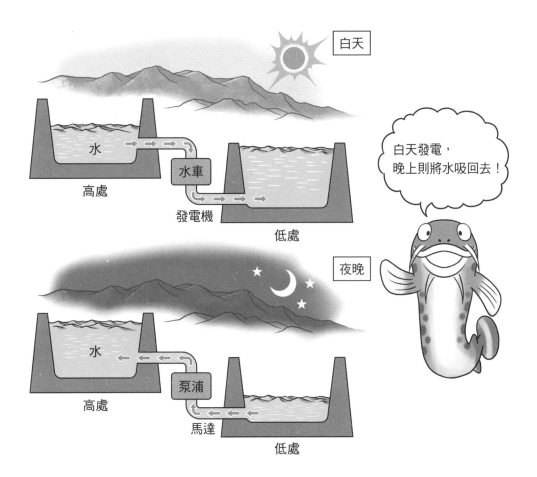

〈水力發電的特性〉

· 由於水力發電是用水來發電，所以不會產生二氧化碳（CO_2），故有助減緩全球暖化。

· 為了建造水壩，需要花費非常多錢。

② 火力發電

〈火力發電的原理〉

　　火力發電是以鍋爐燃燒石油、煤炭、液化天然氣（LNG）等燃料，再利用燃燒產生出的蒸氣之壓力來轉動渦輪的發電方法。

　　就跟用水壺燒開水，水滾的時候水壺會「噗一！」地噴出蒸氣是一樣的原理。

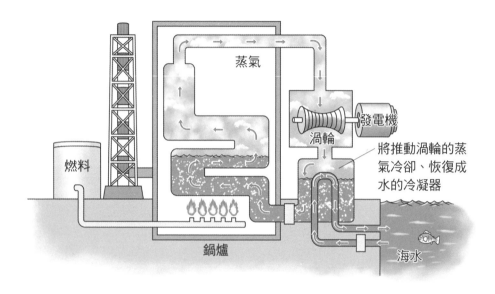

火力發電概念圖

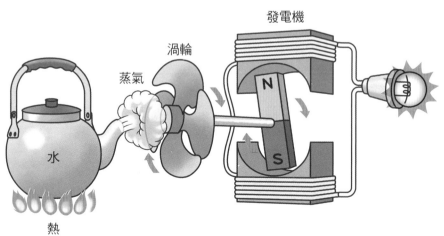

〈火力發電的特性〉

· 可以穩定產生大量的電（日本的電力約有 7 成以上來自火力發電）。

· 要調整電力的輸出量很容易。

· 發電時會產生二氧化碳。

· 燃料幾乎都仰賴外國進口。

③ **核能發電**

〈核能發電的原理〉

　　核能發電是利用鈾元素（原子序 92 的元素）在反應爐內發生核分裂（後面會說明）時產生的熱來燒水，再利用水蒸氣轉動渦輪的發電方法。核能發電利用蒸氣能量的原理跟火力發電完全相同。

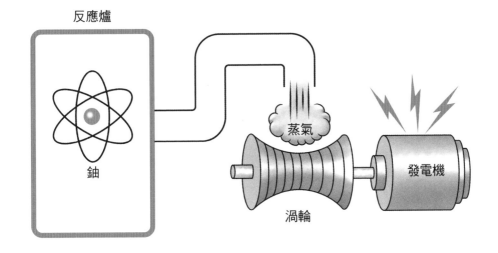

　　用中子撞擊鈾原子，鈾原子會分裂，同時釋放出中子，產生巨大的熱能。鈾原子釋放出的中子會再撞擊其他鈾原子，令其他的鈾原子分裂，並且遭撞擊的鈾原子同樣也會釋放出中子。相同的情況接連發生，形成了連鎖反應。這就是**核分裂**。

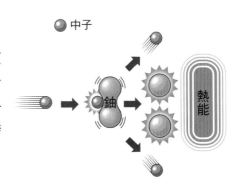

〈 核能發電的結構 〉

　　火力發電廠是用鍋爐燃燒燃料，而核能發電廠則用反應爐取代鍋爐，利用核分裂反應的熱來產生蒸氣。日本現有的核能反應爐有壓水反應爐和沸水反應爐2種。下圖介紹的是代表性的沸水反應爐。

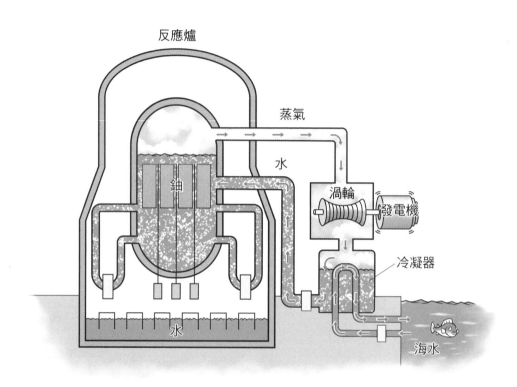

〈 核能發電的特性 〉

· 可以用很少的燃料產生大量的電。要生產足夠一般家庭用上1整年的電力，用火力發電需消耗約800kg的石油燃料，但核能發電只需要約11g的濃縮鈾。
· 發電時不會產生二氧化碳。
· 用來發電的鈾是對人體有害的放射性物質。
· 放射性廢棄物需要數百年到數萬年的嚴格管理。

（3）利用可再生能源發電

近來，由於發電時不會產生二氧化碳，對環境更友善的太陽能、風力、地熱等可再生能源受到國際注目。不像石油或煤炭等用完就沒有的資源，可再生能源永遠不會從地球上消失，不必擔心會消耗殆盡。

① **太陽能發電**
〈 **太陽能發電的原理** 〉

太陽能發電是利用照到陽光就能產生電流的太陽能電池來發電的方法。

太陽能電池俗稱太陽能模組，是由Ｐ型半導體和Ｎ型半導體接合而成。照到陽光時，Ｐ型半導體會產生＋（正電荷），Ｎ型半導體會產生－（負電荷），只要連上導線就能取出電力。

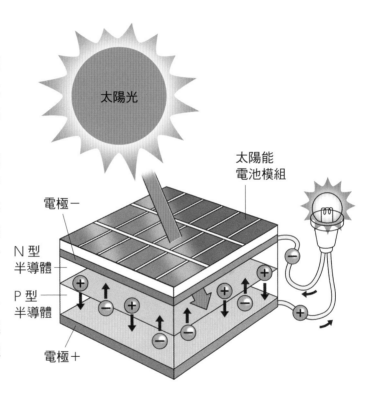

〈 **太陽能發電的特性** 〉

・只要有陽光，任何地方都能發電。
・能源是陽光，所以不用擔心會用完。
・跟煤炭、石油不一樣，發電時不會產生二氧化碳。
・容易被雨天、陰天影響，晚上也不能發電。
・大量發電需要廣闊的土地。

② 風力發電

〈 風力發電的原理 〉

　　風力發電是利用風力轉動風車，再帶動連接風車的發電機來發電的方法。

　　在沒有風的日子，風車不會轉動，也就不能發電。相反地當風勢太強時，有時出於安全上的考量也會停止發電。在日本，風勢穩定的臨海和山區設有風力發電機。近年就連海上也可以設置風力發電機。

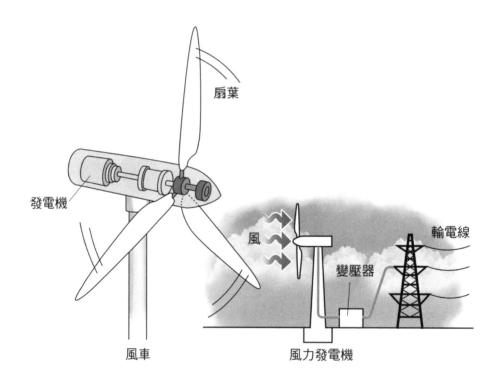

扇葉

發電機

風

變壓器

輸電線

風車

風力發電機

〈 風力發電的特性 〉
・ 能源是風力，所以不用擔心會用完。
・ 發電時不會產生二氧化碳。
・ 容易受到風勢強弱和風向影響。
・ 大量發電需要廣闊土地。
・ 雖然對環境比較友善，但風車的噪音很大。

第5部

動手做實驗

做實驗時，請務必要有大人陪同喔。

動手做做看 讓磁鐵溜下鋁製滑坡

請嘗試使用鋁金屬和磁鐵進行實驗吧。

〈準備材料〉

- 大型鋁鍋1個或鋁金屬板1片（可在五金行購買）
- 釹磁鐵（磁力很強的磁鐵）4個以上（直徑請至少在2cm以上。1cm的釹磁鐵和普通磁鐵磁力太弱，無法實驗）
- 10元或50元等硬幣

（1）鋁製滑坡的製作方法

① 把鋁鍋上下翻轉，用雜誌等物體墊高其中一邊，製造出斜坡。

② 讓硬幣1枚1枚地從滑坡高處往下滑。觀察硬幣滑落的速度。

③ 把釹磁鐵疊在一起滑下斜坡，觀察滑落的速度。

④ 讓釹磁鐵跟硬幣同時滑下斜坡，觀察滑落速度。

⑤ 應該能夠觀察到釹磁鐵的滑落速度比較慢。

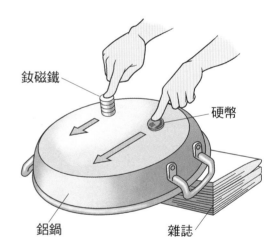

釹磁鐵
硬幣
鋁鍋
雜誌

（2）在鋁鍋上玩打彈珠

① 把鋁鍋上下翻轉，變成一個平台。

② 將硬幣和釹磁鐵放在平台上，當成彈珠來打。

③ 你會發現釹磁鐵打出去後很快就停下來。

④ 用食指按著硬幣和釹磁鐵，試著在鋁鍋上滑動。

⑤ 你會發現釹磁鐵滑起來比較費力。

 試著將磁鐵和硬幣，用手指彈射或滑動看看吧。

（3）原理

自然界有個道理叫「大自然厭惡變化」。比如把1顆球放在地上。假如沒有其他力量來碰它，這顆球就不會自己移動。或者把這顆球扔到太空，這顆球會朝著被扔出去的方向一直往前飛，不會自己停下來。那麼磁鐵呢？

使磁鐵的N極朝下，用手推動，大自然會產生一股力量試著把N極留在原地。而利用鋁製滑坡和釹磁鐵，就可以清楚地體驗這股力量。

用下面的圖來理解會更明白。

使N極向下，在鋁鍋上如下圖般移動磁鐵時，磁鐵移動的方向就會不斷冒出具有N極作用的N極比利鰻試圖把磁鐵推回去，妨礙磁鐵移動。同時，在磁鐵的後方也會冒出具有S極作用的S極比利鰻，緊緊抓住磁鐵不放。就算推開前面的比利鰻，甩掉後面的比利鰻，繼續把磁鐵往前推，也會繼續冒出新的比利鰻來妨礙移動。最前方的比利鰻後面，隨時都有露出上半身的第2隻比利鰻等著接棒。第3隻則只露出頭在待命。

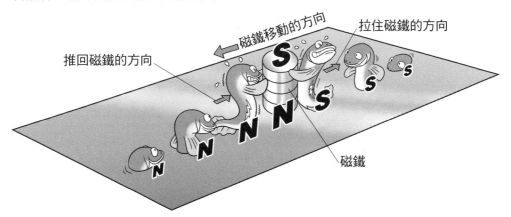

在磁鐵移動方向的N極比利鰻腳下，存在著以逆時針方向轉動的電流（稱為**渦電流**）。而後方的S極比利鰻腳下，則有以順時針方向轉動的電流。其實，這個現象源自**電磁感應**。

接著，我們繼續往前推動磁鐵。這次我們把速度加倍。結果，前方的N極比利鰻的身體也跟著變成2倍大，用加倍的力量推回磁鐵。而後方的S極比利鰻也用加倍的力量拉住磁鐵。

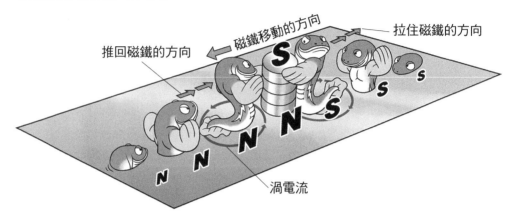

此時，我們停止移動磁鐵。於是，前面和後面的比利鰻就會馬上消失不見。

問題1

如果在裝有輪子的鋁板上方移動磁鐵，請問磁鐵和鋁板會發生什麼事呢？請從①～④中選出正確答案。

① 磁鐵輕微移動，鋁板留在原地不動。

② 磁鐵不會動。

③ 磁鐵一靠近鋁板，鋁板就會被吸起來。

④ 鋁板會跟著磁鐵一起移動。

正確答案④

磁鐵雖然不能吸起鋁板，但會讓鋁板跟著磁鐵一起移動。因為移動磁鐵時等於把鋁板前方冒出的N極比利鰻往前推，把後方冒出的S極比利鰻往前拉。

這次我們改用圓筒形的鋁板，試著用磁鐵順著鋁板表面轉動。請問磁鐵和鋁罐會發生什麼事呢？

① 磁鐵會轉動，但鋁罐不會動。

② 鋁罐會朝磁鐵的反方向滾動。

③ 鋁罐會用比磁鐵慢一點的速度滾動。

④ 鋁罐會用比磁鐵更快的速度滾動。

鋁罐

正確答案③

鋁罐會用比磁鐵更慢一點的速度，朝著與磁鐵相同的方向開始滾動。這同樣可以想像成用磁鐵推動前方的N極比利鰻，並把後方的S極比利鰻往前拉。

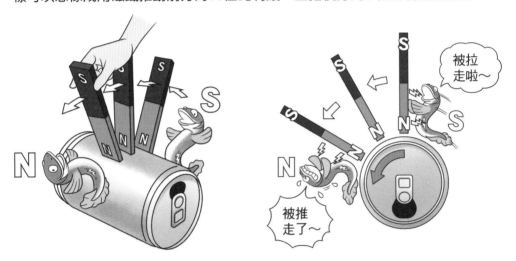

而**馬達**正是應用了磁鐵和鋁罐滾動的原理。這個原理被應用在冰箱、洗衣機、電風扇、冷氣等幾乎所有生活中可見的馬達電器上。

馬達的原理乍聽之下好像很艱深，但其實裡頭的內容就只是磁鐵、鋁罐以及比利鰻（笑）而已。

動手做做看　用磁鐵發電

請使用磁鐵做做看發電的實驗吧。

〈準備材料〉

- 釹磁鐵4個（直徑請至少在2cm以上。1cm的釹磁鐵和普通磁鐵磁力太弱，不易點亮LED燈泡）
- 風箏線
- 砂紙
- LED小燈泡1個（任何顏色皆可）
- 漆包線（這裡用的是0.55mm×50m的規格）
- 絕緣膠帶
- 透明膠帶

（1）LED燈線圈的製作方法

① 將漆包線纏成直徑3～5cm、300圈以上的圓形線圈。利用保鮮膜的紙筒來纏繞會更容易。

② 用砂紙磨掉線圈兩端漆包線上的塗層（薄膜）。然後抽出紙筒。

③ 把線圈的兩端綁到LED燈的燈腳上，再纏上幾圈絕緣膠帶。

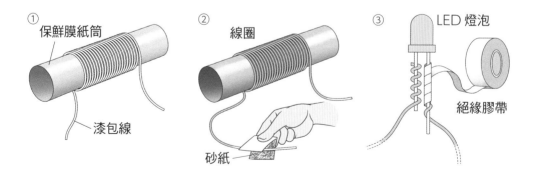

①　保鮮膜紙筒　　漆包線
②　線圈　　砂紙
③　LED燈泡　　絕緣膠帶

（2）轉轉發電機磁鐵的製作方法

① 剪一段長約70cm的風箏線，把兩端綁在一起。
② 用透明膠帶將4個磁鐵確實黏在一起，不要讓它散掉。
③ 將綁成圓圈的風箏線的中間部分用透明膠帶固定在磁鐵的上下兩面。

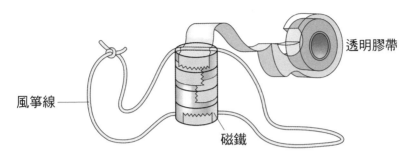

透明膠帶

風箏線

磁鐵

（3）用轉轉發電機發電！

① 在LED線圈的旁邊（因為沒辦法放在內部轉），用力轉動磁鐵。
② LED燈會瞬間亮起來又熄滅，反覆閃爍。

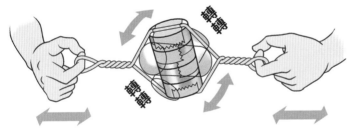

轉轉

轉轉

（4）原理

這也是利用電磁感應原理。

無線充電的原理，是利用磁力線通過線圈內部時會使線圈產生電流的現象。

而轉轉發電機是藉由旋轉磁鐵，讓磁力線掃過線圈。當磁力線掃過線圈時，線圈上就會有電流通過。

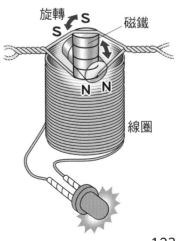

旋轉　磁鐵

S S

N N

線圈

此時電流是朝哪個方向流動呢？

磁力線的N極和S極，對電流的大小與方向有影響嗎？

　　我們可以用某個規則來思考這問題。在第3部中，我們說過在思考電子往哪邊前進時，可以想像成「搭公車或電車看著窗外的景色時，自己就好像靜止不動，是風景在往後移動」，而這裡也一樣。雖然實際上是磁力線掃過靜止的線圈，但我們也可以想成是「線圈往反方向掃過磁力線」。

　　比如，讓我們用線圈的N極磁力線掃過線圈的情況來想。

　　只要使用**弗萊明右手定則**，就可以輕鬆判斷電流的方向。如右圖伸出右手的拇指、食指及中指，並兩兩垂直，此時若拇指所指的方向為線圈移動方向，食指所指的方向是從N極發出的磁力線方向，那麼中指所指的方向就會是電流的前進方向。

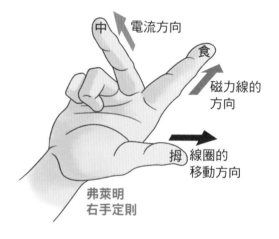

　　而S極也很簡單，只要記住「電流方向跟N極時相反」就行了。

　　接著，再來想想看如果把磁鐵放在線圈裡面，像轉轉發動機一樣轉動的話，電流會朝哪個方向移動吧。如下圖所示，把磁鐵放在線圈裡面旋轉。當

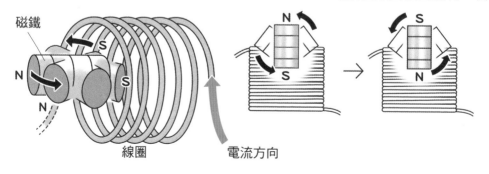

磁鐵的N極從線圈的入口向內轉時，電流會以逆時針方向流動。當磁鐵的N極從線圈內側往入口側旋轉時，電流會朝順時針方向流動。N極的位置會改變電流的流向。

另外，LED燈也有＋（正極）和－（負極）。只有當電流從＋往－流時才會發亮。在轉轉發電機實驗中，磁鐵每轉半圈，電流的方向就會倒轉一次。所以LED燈才會一閃一閃的，而不是穩定發亮。

當磁力變強，電流的大小就會變大；當磁力變弱，電流就會變小。同時，磁鐵的旋轉速度愈快，電流也愈大；磁鐵轉速變小，電流也變小。磁鐵靜止時是不會發電的。另外，漆包線的纏繞圈數愈多，電流也會愈大。

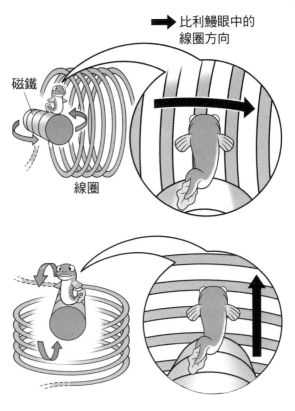

比利鰻眼中的線圈方向

磁鐵

線圈

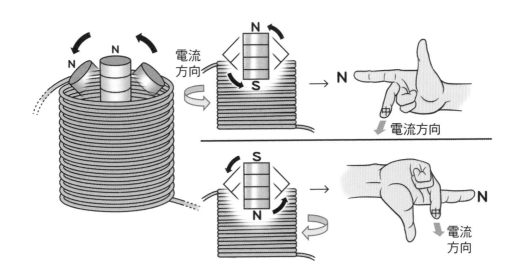

電流方向

N

電流方向

N

電流方向

N

電流方向

電流的大小會因磁力強度、磁鐵轉速以及漆包線的圈數而改變呢。

動手做做看 用電製作磁鐵（電磁鐵）

讓我們實驗看看如何用電做出磁鐵吧。本實驗中的漆包線會發熱或是發出火花，請務必小心喔。

〈準備材料〉

- 乾電池1個
- 砂紙
- 漆包線（這裡用的是 0.4mm×15m的規格）
- 鐵釘或是螺絲（長約 5cm）2根
- 保鮮膜
- 迴紋針數個
- 透明膠帶
- 絕緣膠帶

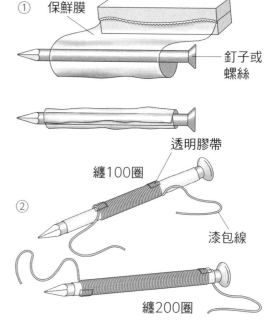

① 保鮮膜

釘子或螺絲

透明膠帶

纏100圈

② 漆包線

纏200圈

（1）線圈的製作方法

① 將2根釘子分別用保鮮膜包住。

② 第1根釘子纏100圈漆包線，第2根纏200圈，做成線圈，用透明膠帶固定。此時，線圈兩端請各保留約20cm的漆包線。

③ 用砂紙磨掉線圈兩端的漆包線透明塗層（薄膜）。

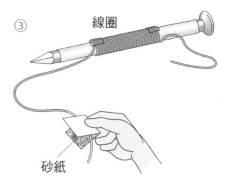

③ 線圈

砂紙

（2）用電磁鐵吸起迴紋針

① 將100圈的線圈兩端的漆包線分別接上乾電池的＋極和－極，並用絕緣膠帶固定。

② 將線圈靠近迴紋針。數數看一共吸起了幾個迴紋針。

③ 也用200圈的線圈進行同樣的實驗。

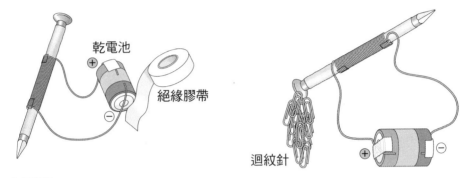

（3）原理

在轉轉發電機的實驗，以及第1部做過的無線充電實驗中，當磁鐵的磁力線通過線圈時，線圈就會有電流通過。換言之，我們利用磁鐵產生了電力。

而我們還知道當電流通過線圈時就會產生磁力。而電流的方向也會決定磁力線的方向。

這裡要介紹**右手定則**（安培右手定則）。右手握拳，豎起拇指，此時另外4根手指的方向就是線圈上的電流方向。而拇指則代表磁力線的方向（N極）。

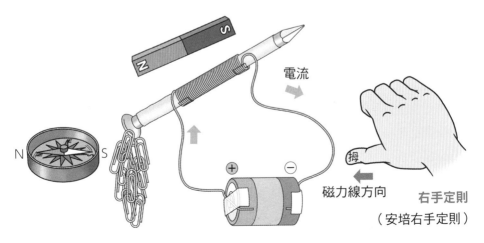

若把線圈兩端漆包線連接的乾電池＋極和－極對調，電磁鐵的Ｎ極和Ｓ極也會對調。如果在電磁鐵旁放上指南針，就能確認電磁鐵Ｎ極和Ｓ極互換的情況。

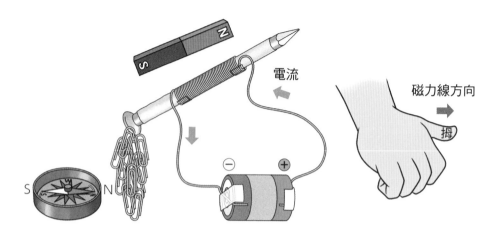

　　那麼100圈的線圈和200圈的線圈，哪一種吸起來的迴紋針比較多呢？
　　因為線圈的纏繞圈數愈多，磁力會愈強，所以也就能吸起更多迴紋針。但要加強電磁鐵的磁力，除了增加漆包線的纏繞圈數外，還有另外一種方法：那就是增加流過線圈的電流。如果用2個乾電池串聯的話，那麼線圈上的電流將會增加，磁力也會變大。

問題

想想看我們身邊有哪些東西用到了電磁鐵吧。
你覺得下列哪些產品內有電磁鐵呢？
① 電風扇
② 吸塵器
③ 超導磁浮列車
④ 電動車
⑤ 電扶梯

答案在：①②③④⑤

以上全部都有用到電磁鐵。電磁鐵被應用在很多不同的地方。除此之外像是冷氣、電子玩具內的馬達也有電磁鐵。而馬達又分成很多種類。

讓我們用先前鋁製滑坡實驗中的鋁罐和磁鐵來思考看看。把鋁板捲成圓筒形，用磁鐵順著鋁罐表面滑動，讓鋁罐旋轉，此時鋁罐會用比磁鐵移動稍微慢一點的速度，朝著與磁鐵相同的方向轉動。

那麼，實際上要怎麼才能讓磁鐵在鋁罐的表面滑動呢？答案是可以使用電磁鐵。

鋁罐的周圍裝有數個纏繞了很多圈漆包線的線圈。當線圈通電時，依照下圖1、2、3⋯⋯的順序稍微錯開開始通電的時間，就可以觀察到與磁鐵旋轉時一樣的現象。如此一來，鋁罐就會用比電磁鐵旋轉速度更慢一點速度旋轉。這便是馬達的原理。

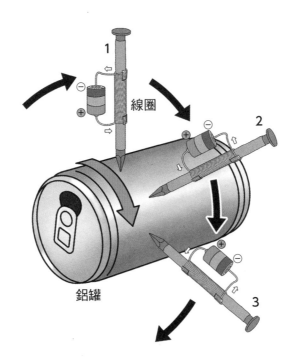

線圈

鋁罐

原來電力可以產生磁力，磁力也可以產生電力啊～。
磁力和電力，感覺就像親戚一樣呢。

動手做做看　用檸檬製作電池

水果可以製作電池!?

〈準備材料〉

- 小LED燈泡1個
- 鱷魚夾電線5根
- 檸檬2個
- 鋅片和銅片各4片

※ 實驗中用過的檸檬會溶出有害的金屬,絕對不要拿來吃喔!

（1）檸檬電池的製作方法

① 使用3片銅片和3片鋅片,用鱷魚夾電線夾起來,準備3組。

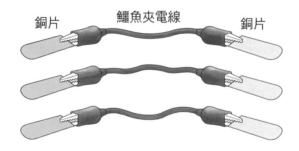

銅片　　鱷魚夾電線　　銅片

② 取1片鋅片和1片銅片。用鱷魚夾電線把LED燈的＋極（腳比較長的那一側）和銅片連起來,把－極（腳比較短的那一側）和鋅片連起來。請注意LED燈有分正負極,檢查一下有沒有弄對。

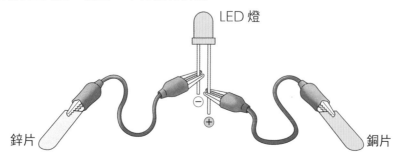

LED 燈

鋅片　　　　　　　　　　　　　　　　　　　　　　銅片

③ 將檸檬切成兩半，4個串聯在一起，再連上LED燈。

④ LED燈將會發亮。

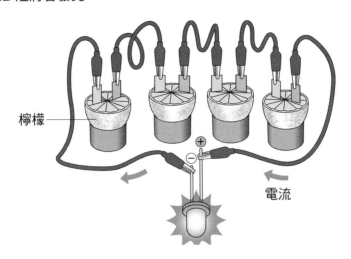

檸檬

電流

（2）原理

請回想一下「電流的真面目就是電子流動」這句話。沒錯，帶－電性的電子流就是電流。

在這次的實驗中，我們把銅片和鋅片插入檸檬內。檸檬汁含有酸性成分，而這個成分會把金屬溶出來。比較兩者溶解的速度，鋅會比銅更快被溶出。鋅在溶到檸檬汁裡時，會把帶－電的電子留在鋅片上。大家都已經知道電子就是電流的真面目。而這個電子會經由鱷魚夾電線通過LED燈，使LED燈發亮，最終抵達另一端的銅片。

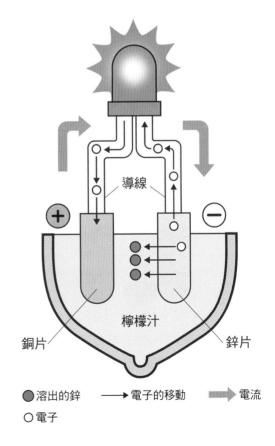

導線

＋

－

銅片

鋅片

檸檬汁

● 溶出的鋅 　→ 電子的移動 　⟹ 電流

○ 電子

雖然只用1個檸檬也能製作電池，但很可惜1個檸檬的電力不足以點亮LED燈。因此，這次我們把4個切半的檸檬串聯起來，放大檸檬電池的電力。

問題

　　我們把檸檬變成了電池，那請問檸檬電池的＋極和－極在哪裡呢？
① 鋅片是＋極，銅片是－極。
② 銅片是＋極，鋅片是－極。
③ 鋅片和銅片都是＋極。
④ 鋅片和銅片都是－極。

正確答②

　　我們學過「電流的流動方向跟自由電子的移動方向相反」。在這個實驗中，電子是由鋅片通過LED燈流到銅片。換言之，電流是從銅片通過LED燈再流到鋅片，因此銅片是＋極，而鋅片是－極。

比利鰻的疑問

　　我們已經知道鋅會比銅更快被檸檬汁溶出來，那其他金屬呢？

　　科學家已經確定了許多種金屬溶出速度順序。以下是主要金屬的易溶出度排名。

易溶出											不易溶出
鉀	鈣	鈉	鎂	鋁	鋅	鐵	鎳	鉛	銅	銀	金

　　在這個實驗中，我們也可以使用鋁來代替鋅。這次雖然是用檸檬，但也可以用葡萄柚、奇異果、食用醋、檸檬酸水或是運動飲料取代檸檬。如果用食用

醋、檸檬酸水或運動飲料的話，只用1杯是沒辦法點亮LED燈的。必須跟檸檬電池一樣，把3～4杯串聯在一起，才能產生足以點亮LED燈的電力。

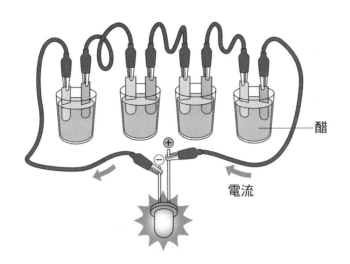

醋

電流

動手做做看 在鋁製軌道上轉動鋁管

讓我們來看看電力和磁鐵的力量吧。要注意實驗過程中導線會發熱或冒出火花喔。

〈準備材料〉
- 鋁管1根（直徑3mm×厚0.5mm×1m左右）
- 釹磁鐵14個以上（直徑約2cm）
- 老虎鉗或斜口鉗
- 底紙（厚紙或紙板，40cm×15cm左右）
- 厚紙
- 乾電池3個
- 可裝1個乾電池的電池匣3個
- 鱷魚夾電線2根（或10cm左右的導線也OK）
- 雙面膠

（1）鋁製軌道的製作方法

① 使用老虎鉗，將鋁管剪成40cm、40cm、8cm，共3段。

② 使磁鐵的N極或S極的其中一極統一朝上，彼此相鄰排成一列，用雙面膠固定在底紙上。

③ 在排成一列的磁鐵左右兩側黏上40cm的鋁管，排成軌道。

此時，鋁製軌道的高度必須比磁鐵高2～3mm。另外，注意不要讓磁鐵碰到鋁製軌道。

④ 用鱷魚夾電線夾住鋁製軌道的尾端。

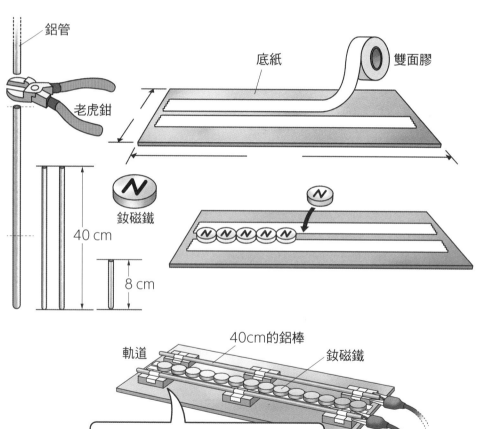

⑤ 把乾電池裝入電池匣，將3個電池匣串聯。

⑥ 將連接電池匣的1條導線，跟連接鋁製軌道的鱷魚夾電線另一端連接。

⑦ 將8cm的鋁管橫放在軌道上。

⑧ 用另一條連接電池匣的導線，輕輕觸碰另一條連接鋁製軌道的鱷魚夾電線。

⑨ 你會看到導線迸出火花，接著鋁管會快速在軌道上滾動。

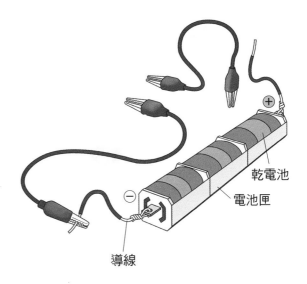

乾電池

電池匣

導線

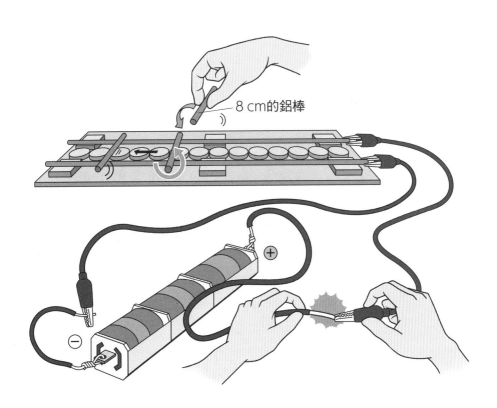

8 cm的鋁棒

（2）原理

當有電流通過磁力線內部，磁力線和電流之間會產生作用力。這股力量叫**電磁力**。而推動鋁管的就是電磁力。那麼，這股電磁力是朝哪個方向作用的呢？

我們知道當電流通過時，電流的周圍會產生順時針方向的磁力線。那麼，用通電的鋁管靠近磁鐵的N極時，磁力線會如何變化呢？

磁鐵的磁力線會跟電流產生的磁力線重疊，產生足以推動鋁管的力量。但每次都用這種方式來思考非常麻煩。

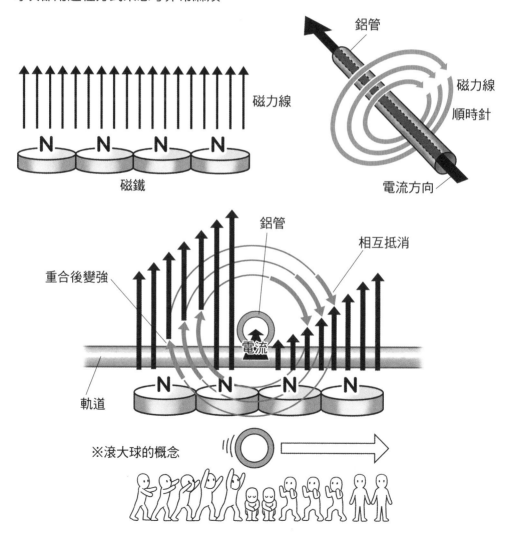

其實，有個方法可以輕鬆判斷作用力方向，那就是**弗萊明左手定則**。比如讓我們想想電流掃過從Ｎ極發出的磁力線時的情況。伸出左手的拇指、食指及中指，並兩兩垂直，此時若將左手的食指對準Ｎ極發出的磁力線方向，中指對準電流前進的方向，則拇指所指的方向就是電流通過的導體受力的方向，而鋁管會往該方向滾動。

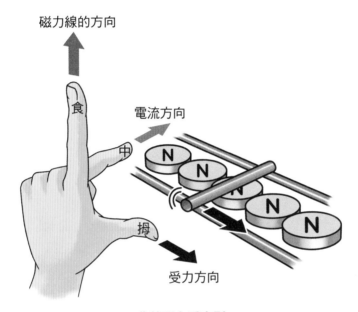

弗萊明左手定則

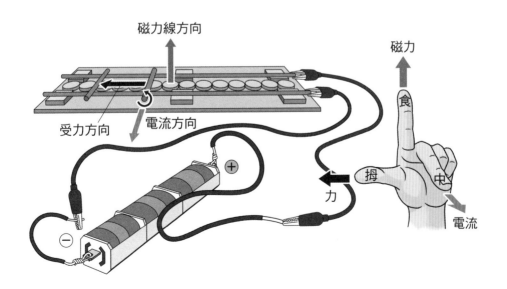

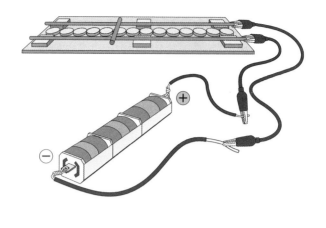

問題

如果把連接鋁製軌道的
鱷魚夾電線對調，分別夾到
乾電池的另一極，請問鋁管
會發生什麼事？

① 鋁管會朝跟剛剛一
樣的方向滾動。

② 鋁管不會動。

③ 鋁管會朝跟剛剛相反的方向滾動。

④ 鋁管會彈跳起來。

解答是③

這裡弗萊明左手定則就派上用場了。

左手食指對準Ｎ極出發的磁力線方向，中指對準電流前進方向。由於＋極
和－極對調了，故中指的方向顛倒過來。如此一來，拇指所指的方向也會相
反，所以鋁管會往跟剛才相反的方向滾動。

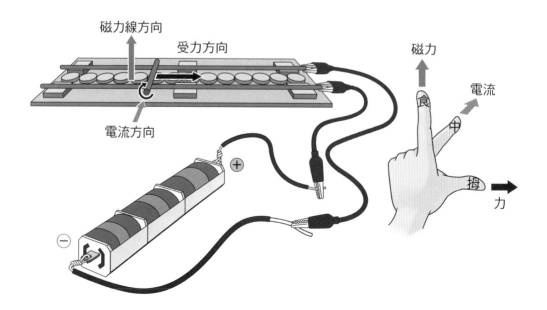

直流馬達便是應用了這個原理。比如冰箱、電腦的散熱風扇、電動螺絲起子等工具、架空索道以及電梯等等都是運用了直流馬達。

比利鰻的疑問

解開鋁製軌道跟乾電池和電池匣的連結，改用手推動鋁管在軌道上滾動，當掃過軌道中間的磁鐵時，軌道會像轉轉發動機一樣產生電流嗎？

在轉轉發動機的實驗中，當磁力線掃過線圈時，線圈上產生了電流。而這裡用相同的方式理解即可。當鋁管掃過磁力線時，也會因為電磁感應而產生電流。使用弗萊明右手定則即可輕鬆得知電流方向。

但是，用手推動鋁管並不能產生多大的電力。只能產生一點點微弱的電流而已。這個電流大小不足以點亮LED燈。

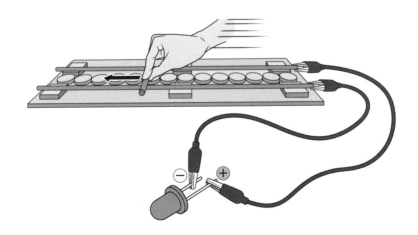

各位的身邊有很多應用了電磁感應的發電機。比如日本法律規定在晚上騎腳踏車必須安裝頭燈和尾燈，而腳踏車的車燈也是運用電磁感應來發亮的。

索引

著者

● TDG 電氣指導會

田北　優介｜佐藤　寿剛｜西山　徹

● 佐伯英次（插圖）

http://rush-net.jp

協力

● 石川　里桜
● 電氣史料館
● 東海旅客鐵道（株）
● 文鐵、鈔票與錢幣資料館
● Andrea Jährlich
● （株）關東保全

日文版 STAFF
● 校閱：橫山　明彥
● 校正：山田　陽子

國家圖書館出版品預行編目（CIP）資料

放電魚小學堂：電從哪裡來？/TDG電氣指導會著；
佐伯英次繪；陳識中譯. -- 初版. -- 臺北市：臺
灣東販股份有限公司, 2023.04
144面；16.4×23.1公分
ISBN 978-626-329-780-7(平裝)

1.CST: 電學 2.CST: 通俗作品

337   112002466

Original Japanese Language edition
SHOGAKUSEI KARA NO DENKI ZUKAN
by TDG Denkishidokai, Eiji Saeki
Copyright © TDG Denkishidokai, Eiji Saeki 2022
Published by Ohmsha, Ltd.
Traditional Chinese translation rights by arrangement with Ohmsha, Ltd.
through Japan UNI Agency, Inc., Tokyo

放電魚小學堂
電從哪裡來？

2023年4月1日初版第一刷發行

著　　　者　　TDG電氣指導會
插　　　圖　　佐伯英次
譯　　　者　　陳識中
副 主 編　　劉皓如
美術編輯　　黃瀞瑢
發 行 人　　若森稔雄
發 行 所　　台灣東販股份有限公司
　　　　　　　＜地址＞台北市南京東路4段130號2F-1
　　　　　　　＜電話＞(02) 2577-8878
　　　　　　　＜傳真＞(02) 2577-8896
　　　　　　　＜網址＞http://www.tohan.com.tw
郵撥帳號　　1405049-4
法律顧問　　蕭雄淋律師
總 經 銷　　聯合發行股份有限公司
　　　　　　　＜電話＞(02) 2917-8022